Amazônia
Contrastes e perspectivas

Charles Pennaforte

Pós-graduado pela Facultad de Geografía da Universidad de La Habana, Cuba.
Especialista em Sociologia Urbana pela Universidade do Estado do Rio de Janeiro.
Diretor do Centro de Estudos em Geopolítica e Relações Internacionais (Cenegri).

Conforme a Nova Ortografia

Copyright © Charles Pennaforte, 2006

SARAIVA EDUCAÇÃO S.A.
Avenida das Nações Unidas, 7.221 – Pinheiros
CEP 05425-902 – São Paulo – SP
www.editorasaraiva.com.br

Tel.: (0xx11) 4003-3061
atendimento@aticascipione.com.br
Todos os direitos reservados.

Dados Internacionais de Catalogação na Publicação (CIP)
(Câmara Brasileira do Livro, SP, Brasil)

Pennaforte, Charles
    Amazônia : contrastes e perspectivas / Charles Pennaforte. — São
Paulo : Atual, 2006. — (Geografia Sem Fronteiras)

    Inclui suplemento de atividades.
    Bibliografia.
    ISBN 978-85-357-0636-9

    1. Amazônia — Condições econômicas 2. Amazônia — Geografia
3. Amazônia — História I. Título. II. Série.

05-8859   CDD-372.8918

Índices para catálogo sistemático:
1. Amazônia : Geografia : Ensino fundamental   372.8918

Coleção Geografia Sem Fronteiras
Amazônia: contrastes e perspectivas

Editor
Henrique Félix
Assistente editorial
Valéria Franco Jacintho
Revisão
Pedro Cunha Jr. (coord.)/Renato Colombo Jr./Célia Camargo/Debora Missias
Elza Gasparotto/Fernanda Marcelino
Pesquisa iconográfica
Cristina Akisino (coord.)/Adriana Abrão/Emerson C. Santos
Edição de texto
Vitória Rodrigues e Silva

Gerente de arte
Nair de Medeiros Barbosa
Supervisor de arte
José Maria de Oliveira
Assistente de produção
Grace Alves
Diagramação
MZolezi
Projeto gráfico
Tereza Yamashita
Imagem de capa
Vista aérea da rodovia Porto Velho–Rio Branco
Paulo Fridman/Corbis/Stock Photos
Ilustrações e mapas
Selma Caparroz
Coordenação eletrônica
Silvia Regina E. Almeida

Todas as citações de textos contidas neste livro estão de acordo com a legislação, tendo por fim único e exclusivo o ensino. Caso exista algum texto a respeito do qual seja necessária a inclusão de informação adicional, ficamos à disposição para o contato pertinente. Do mesmo modo, fizemos todos os esforços para identificar e localizar os titulares dos direitos sobre as imagens publicadas e estamos à disposição para suprir eventual omissão de crédito em futuras edições.

9ª tiragem, 2019

CL: 810606
CAE: 602424

Para Érica, minha inspiração.

A Chico Mendes.

Gostaria de agradecer às importantes críticas e sugestões de Vitória Rodrigues e Silva e de Henrique Félix.

Agradeço também a Cláudio Gomes Velloso e ao professor Lucivânio Jatobá

Arquivo pessoal

Charles Pennaforte nasceu na cidade do Rio de Janeiro, em 1968. Pós-graduado pela Facultad de Geografía da Universidad de La Habana (Cuba) e especialista em Sociologia Urbana pela Universidade do Estado do Rio de Janeiro.
Professor com dezessete anos de experiência no ensino fundamental, médio e pré-vestibular, atua nos principais colégios particulares e na rede pública de ensino do Rio de Janeiro, além de ministrar cursos de extensão em várias universidades cariocas.
Além de ser membro da Associação dos Geógrafos Brasileiros (Seção Local Bauru/SP) e da Equipe de Ensino Infantojuvenil (EEIJ) da Secretaria Municipal de Duque de Caxias (RJ), é diretor do Centro de Estudos em Geopolítica e Relações Internacionais (Cenegri).
Já publicou os livros *Globalização: a nova dinâmica mundial*, *Depois do Muro: o mundo pós-Guerra Fria* (pela editora Ao Livro Técnico), *América Latina e o neoliberalismo: Argentina, Chile e México* e *Fragmentação e resistência: o Brasil e o mundo no século XXI* (pela editora E-Papers).

Sumário

INTRODUÇÃO...5

FORMAS DE OCUPAÇÃO DA AMAZÔNIA

- Dividindo o desconhecido...6
- Os primeiros habitantes...8
- A borracha e a intensificação do processo de ocupação...10
- De 1930 até os dias de hoje...11

NATUREZA E SOCIEDADE

- Conhecendo a floresta Amazônica...19
- A biodiversidade...21
- O clima e o relevo amazônico...23
- Hidrografia...25
- A degradação ambiental...27
- Amazônia: um terreno muito antigo...29

O ESPAÇO AMAZÔNICO: POPULAÇÃO, CRESCIMENTO URBANO E DESENVOLVIMENTO

- Crescimento demográfico...32
- A questão da terra...34
- Os índios: as principais vítimas...35
- Recursos naturais e exploração econômica...37
- Desenvolvimento em benefício de todos...39
- Cultura local × cultura de massas...42

OS VÁRIOS ELOS DE UMA CORRENTE...45

PARA SABER MAIS...47
BIBLIOGRAFIA...48

INTRODUÇÃO

O Brasil é uma terra de contrastes. Muitos de nós já ouviram essa frase alguma vez. Ela resume bem alguns aspectos de nosso país: um lugar onde, por exemplo, há a maior floresta do mundo (a Amazônica) e no qual se localiza uma das maiores cidades do planeta (São Paulo); onde milhões de pobres e miseráveis convivem lado a lado com o luxo e o desperdício de uma minoria muito rica.

Este livro discute alguns dos principais contrastes econômicos e sociais verificados em nosso país, mais especificamente na Amazônia.

Refletir sobre a Amazônia significa colocar em discussão um extenso território sul-americano. Trata-se da maior floresta equatorial do planeta, que ocupa um total de 6,5 milhões de quilômetros quadrados: abrange boa parte do território brasileiro, estende-se por Bolívia, Peru, Equador, Colômbia, Venezuela, Suriname, Guiana e Guiana Francesa.

Desde as últimas décadas do século XX, a floresta Amazônica vem sendo degradada constantemente pelo desmatamento praticado por madeireiras, mineradoras, latifundiários e em razão da implantação de novas indústrias. As denúncias sobre a sua destruição encontram o apoio de pessoas de diversos países, o que pode contribuir para a preservação da floresta. Porém, é responsabilidade dos brasileiros criar condições de aproveitamento dos recursos da floresta que tragam benefícios para toda a sociedade.

No Brasil, a preocupação efetiva com as consequências negativas da exploração acelerada e descontrolada da região amazônica começou a ganhar espaço nas discussões em geral nos anos 1980, uma década depois que começou a se intensificar a ocupação desse território, o que atraiu para lá grandes contingentes populacionais. Hoje, um dos grandes desafios do nosso país é explorar economicamente a região sem destruí-la. O objetivo deste livro é colaborar para que o leitor conheça essa questão e possa formar uma opinião sobre ela.

A Amazônia e a América do Sul

Fonte: Y. Lacoste. *Atlas 2000: la France et le monde*. Paris: Nathan, 1994.

FORMAS DE OCUPAÇÃO DA AMAZÔNIA

Afirmamos que os problemas da Amazônia brasileira se agravaram quando sua ocupação e exploração se tornaram mais intensas, o que ocorreu a partir dos anos 1980. Embora essas questões aparentem ser relativamente recentes, se levarmos em conta o período de formação do Brasil (tendo como ponto de partida o início da colonização do território pelos portugueses, no século XVI), para compreendermos os porquês da atual situação da Amazônia, e consequentemente da região Norte, é fundamental voltarmos no tempo, a fim de discutirmos as formas de ocupação desse território.

• Dividindo o desconhecido

No século XV, em 1494, Portugal e Espanha assinaram o Tratado de Tordesilhas, segundo o qual os dois países dividiam entre si as terras que haviam sido "descobertas" cerca de dois anos antes por Cristóvão Colombo. Nenhum europeu sabia ao certo como eram essas terras e qual a sua extensão. O tratado apenas estabelecia uma linha imaginária dividindo os domínios de um e de outro reino. De acordo com o que ficava estabelecido no documento, as terras amazônicas pertenciam ao rei da Espanha, conforme podemos observar no mapa ao lado.

Ao longo do século XVI, a não ser por algumas expedições isoladas, a presença de europeus na Amazônia foi pouco verificada. No início do século XVII,

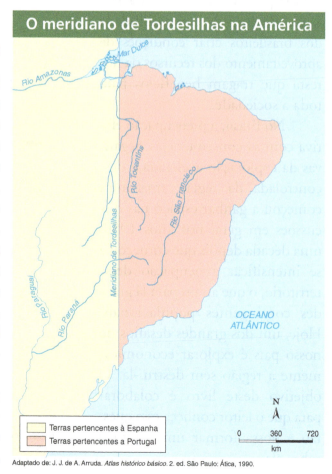

O meridiano de Tordesilhas na América

Adaptado de: J. J. de A. Arruda. *Atlas histórico básico*. 2. ed. São Paulo: Ática, 1990.

6

porém, foram construídos vários fortins (pequenos fortes) em áreas próximas à foz do rio, para evitar a entrada de embarcações estrangeiras. As construções desses fortes tinham a finalidade de facilitar o povoamento da região, constituindo, portanto, uma estratégia de ocupação.

Quanto mais portugueses estivessem presentes na região, mais fácil seria expulsar os forasteiros. Foi em torno de um desses fortes, o Forte do Presépio, construído em 1616, que começou a se formar a atual cidade de Belém.

Ao mesmo tempo, a exploração das chamadas "drogas do sertão" — cravo, canela, cacau, baunilha, salsaparrilha, anil, urucu, etc. — ganhava um grande impulso, levando os portugueses cada vez mais para o interior da Amazônia.

"Drogas do sertão"

Nos séculos XVI e XVII, especiarias como cravo, baunilha, canela, gengibre eram muito apreciadas na Europa. Com a perda do monopólio das especiarias das Índias para outros comerciantes, os portugueses procuraram suprir o mercado europeu com os produtos brasileiros. Todos esses produtos passaram a ser denominados "drogas do sertão".

A procura pelas "drogas" levou os colonizadores ao interior do Brasil, transferindo a posse dos territórios espanhóis (segundo o Tratado de Tordesilhas) para os portugueses. Enquanto tal processo se desenrolava, os jesuítas que para cá vieram notaram que os índios utilizavam várias plantas como, por exemplo, o guaraná, o cacau e a castanha-do-pará com finalidade medicinal e passaram a adotar esse procedimento. Com a descoberta de atividades mais rentáveis na colônia, as "drogas do sertão" perderam gradativamente importância.

Depois de vários séculos, porém, elas ainda estão presentes em nosso dia a dia. Vários laboratórios farmacêuticos colocam à venda, por exemplo, o guaraná como uma bebida energética.

Algumas "drogas do sertão": cacau, castanha-do-pará e guaraná.

Nessa época, os espanhóis extraíam grande quantidade de prata dos territórios que hoje fazem parte do Peru e da Bolívia. Em busca de minas, muitos aventureiros procuraram chegar ao coração da Amazônia, navegando pelo rio Amazonas. Seguindo essa linha de raciocínio, uma expedição comandada por Pedro Teixeira subiu o rio em 1637, atingindo a cidade de Quito (atual capital do Equador).

Embora essa expedição violasse o tratado entre os dois reinos, não provocou incidente entre portugueses e espanhóis, uma vez que, entre 1580 e 1640, Portugal e Espanha formavam a chamada União Ibérica, sendo então o rei da Espanha também rei de Portugal durante esse período.

A divisão estabelecida pelo Tratado de Tordesilhas perdera, assim, seu sentido. Mesmo depois que Portugal voltou a ter um rei próprio, a divisão não foi mais respeitada, e os portugueses assumiram o domínio sobre boa parte da região.

Assim, com os fortins construídos no século XVII, Portugal procurava assegurar sua posse sobre o território colonial em relação aos espanhóis.

Entre o século XVII e o início do XIX, os portugueses mantiveram na América portuguesa alguns núcleos de povoamento e fortes, além de missões religiosas, nas quais se dedicavam ao trabalho de catequese dos indígenas que habitavam as áreas próximas às margens dos rios. Na verdade, uma ocupação mais efetiva da Amazônia era praticamente impossível, tanto pela enorme extensão da floresta, quanto pela falta de gente interessada em se embrenhar nessas matas densas. Afinal, viver no então chamado Nordeste (área que abrangia boa parte da região Norte), dedicando-se à cultura da cana-de-açúcar ou mesmo criando gado, era menos difícil e mais lucrativo do que explorar as "drogas do sertão".

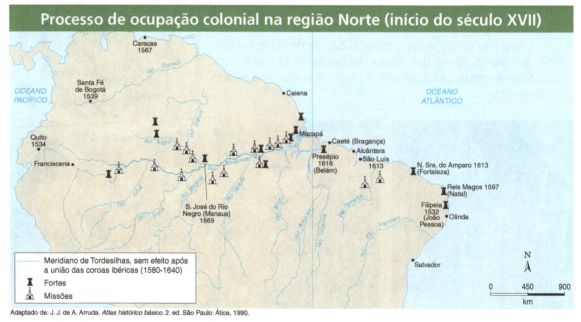

Adaptado de: J. J. de A. Arruda. *Atlas histórico básico*. 2. ed. São Paulo: Ática, 1990.

Essa realidade, contudo, começou a mudar no final do século XIX, quando surgiu um atrativo econômico que parecia compensar as dificuldades apresentadas pela realidade natural: a extração da borracha.

• Os primeiros habitantes

Antes de discutirmos o período da extração da borracha na Amazônia, vamos procurar formar um quadro de como era ocupado esse território quando os colonizadores europeus lá chegaram. Diversas pesquisas demonstram que os primeiros grupos humanos que viveram nessa parte do território brasileiro teriam chegado pelo menos 13 mil anos antes dos portugueses. Como indício dessa antiga presença, os arqueólogos encontraram pinturas em paredes de pedra e pontas de lanças no município de Monte Alegre, situado às margens do rio Amazonas, a cerca de 280 quilômetros da foz do rio.

Em vários outros locais dessa floresta já foram encontrados vestígios humanos tão antigos quanto esses. Sabe-se que, na ilha de Marajó, há cerca de 3 500 anos, viviam os Marajoara, que constituíam uma sociedade bem organizada, capaz de sobreviver da pesca e da coleta vegetal. Desde o século XIX, quando os viajantes descobriram as lindas cerâmicas feitas por esse povo, enterradas em sítios arqueológicos, vários arqueólogos se dedicaram ao estudo dessa comunidade, cuja arte desperta grande admiração pela sua beleza, criatividade e técnica. Atualmente, artesãos paraenses, inspirados nesse estilo, criam objetos de cerâmica a serem vendidos.

Urna de cerâmica marajoara que se encontra no Museu Paraense Emílio Goeldi, em Belém.

Adaptado de: *Atlas geográfico escolar*. Rio de Janeiro: IBGE, 2002.

Vários outros grupos humanos como, por exemplo, os Amanayé (que falam Tupi-Guarani), os Apinayé (que falam Jê), os Apurai (que falam Aruák) e os Aparai (que falam Karíb), entre outros, ocupavam a Amazônia quando lá chegaram os europeus. Após a vinda dos portugueses, a vida dos nativos passou por profundas transformações; esses povos sofreram um processo de aculturação, ou seja, foram impostos a eles modos de vida que não tinham relação com as crenças e os costumes que faziam parte de sua história e de seu cotidiano.

Como exemplo desse choque cultural, podemos comentar uma questão básica, relativa à noção de propriedade privada. Entre os indígenas não havia essa ideia. Para eles, a terra, por exemplo, era um bem de todos (propriedade coletiva), pertencia a toda a tribo. Para os europeus, cujo modo de pensar estava sob influência do sistema capitalista emergente, isso era inconcebível; alguém tinha que ser dono da terra, deveria existir um proprietário.

Caboclos

O contato entre o branco e o índio deu origem ao chamado *caboclo*. Segundo o filólogo Antonio Houaiss, em seu *Dicionário Houaiss da língua portuguesa*, como origem dessa palavra têm sido propostos os termos *kara"iwa* ("homem branco") e *oka* ("casa"). Ambos são provenientes do Tupi e juntos significam "índio mestiço de branco, indivíduo de cor acobreada e cabelos lisos". O caboclo também é conhecido por outra denominação, mameluco.

A convivência entre brancos e índios possibilitou a criação de laços culturais que existem até os dias de hoje no Norte do Brasil.

Esses laços, porém, não impedem que a atual situação dos caboclos seja complicada: sofrem com o baixo nível educacional e encontram-se suscetíveis à malária e à leishmaniose, doenças que afetam mais de 90% da população. Essas pessoas vivem nas margens dos rios (trata-se de população ribeirinha), nas chamadas palafitas (casas construídas sobre os rios, em que se utilizam estacas para a sustentação). Suas principais atividades econômicas constituem a agricultura de subsistência, a pesca e a exploração da borracha. Apesar dos problemas que enfrentam, conseguem sobreviver a partir do desenvolvimento dessas atividades.

Ao se deslocarem para as cidades, povoam as favelas, acentuando os problemas sociais. Os investimentos nas áreas da educação e saúde são decisivos para tornar melhor a vida dessa população. Os governos federal e estadual podem e devem aumentar a sua participação na procura da solução desses problemas.

Os indígenas foram obrigados a aceitar o modo de vida europeu, desprezando toda a sua estrutura cultural. Eles deveriam entender o mundo sob uma nova visão que não a deles, a europeia. A antiga interação entre o ser humano e a natureza, própria do modo de viver praticado pelos índios, foi abandonada, e os povos indígenas se viram invadidos pela visão do mundo própria do capitalismo, sendo levados a adquirir os valores desse sistema que começava a ser desenvolvido pelos europeus, no qual a grande questão é a busca permanente pelo lucro. E nessa procura inescrupulosa muitas vezes inseriu-se o desrespeito pela natureza, o que contraria os princípios básicos dos povos indígenas.

• A borracha e a intensificação do processo de ocupação

Em 1877, quando o Brasil já era um país independente de Portugal, o sertão nordestino foi atingido por uma grande seca, que levou boa parte da população a migrar para outras áreas do país.

A quem estivesse procurando uma oportunidade para trabalhar, a região Norte oferecia grandes atrativos na época, pois começava a ganhar força a produção da borracha. O látex, matéria-prima da borracha, era extraído das seringueiras (*Hevea brasiliensis*), a partir de uma atividade que exigia muita mão de obra, pois a dispersão das árvores pela floresta dificultava o trabalho. Dessa forma, para lá se dirigiram diversas pessoas no século XIX. Vários seringueiros se deslocaram do Nordeste para a Amazônia durante o chamado Ciclo da Borracha (entre o final do século XIX e o início do XX), e chegaram até o extremo oeste desse território, o Acre, que, na época, ainda pertencia à Bolívia.

A produção de borracha começava a prosperar em função da produção de automóveis, que necessitava de pneus. Em 1902, nos Estados Unidos foi montada a primeira fábrica de carros do mundo, a Motor Wagon Company, em Illinois. Por esse motivo, essa

Em *No tempo dos seringais*, de A. M. de Figueiredo (5ª ed., Atual, 2005), você vai encontrar mais informações sobre o Ciclo da Borracha.

10

emergente potência tornou-se grande importadora da borracha brasileira, e nessa época mais da metade da borracha consumida no mundo era originária da Amazônia.

A prosperidade trazida pela borracha enriqueceu especialmente as cidades de Manaus e de Belém, que passaram a abrigar uma elite muito preocupada em levar para essas cidades o modo de vida praticado no Rio de Janeiro (a capital do país na época) ou mesmo em Paris. Não só essas cidades do Norte, como várias outras, se beneficiaram com o desenvolvimento urbano e comercial que ocorreu. Lojas vendiam produtos de luxo vindos da Europa, ricos palacetes foram construídos, e ergueram-se belos teatros para servirem de palco a orquestras e companhias de ópera e teatro.

Extração do látex de uma seringueira.

Mas a prosperidade atingida a partir da extração do látex beneficiou apenas uma pequena elite. Os trabalhadores que recolhiam o material nas árvores da floresta eram submetidos a uma grande exploração e mal podiam sobreviver com os recursos que recebiam. Os fazendeiros e os intermediários angariavam todo o lucro do negócio.

Para agravar a situação dos trabalhadores, a partir de 1912 essa atividade não mais se expandia com a mesma facilidade, uma vez que mudas de seringueiras brasileiras foram levadas para o sudeste asiático, onde foram aclimatadas, ou seja, adaptadas ao clima da região. Lá se formaram grandes fazendas dessa árvore, organizadas pelo sistema *plantation*, em que grandes propriedades monocultoras agrícolas cultivavam produtos tropicais, em geral para a exportação.

A extração brasileira dependia da coleta silvestre do látex, ou seja, colhia-se o látex das seringueiras nascidas na floresta, que evidentemente não estavam submetidas a um plantio organizado de acordo com as necessidades do ser humano; por isso, na Amazônia as seringueiras cresciam distantes umas das outras, fato que dificultava o trabalho dos seringueiros e encarecia a produção; mesmo assim, não houve por parte dos interessados preocupação com o plantio de seringais.

Essa situação tornou nossa borracha mais cara do que a produzida pelos britânicos nas fazendas mantidas em suas colônias asiáticas. Na prática, os nossos métodos de produção eram considerados atrasados e deixaram de interessar à indústria de pneus. A borracha brasileira perdeu mercado, enquanto a produção inglesa rapidamente prosperou. Muitos trabalhadores no Brasil ficaram desempregados, passando a viver quase exclusivamente das práticas da pesca, da caça e da coleta. Do ponto de vista econômico, a região Norte viveu, a partir de então, várias décadas de crescimento reduzido.

• De 1930 até os dias de hoje

Não foram somente os nordestinos que se deslocaram para a região amazônica em busca de uma vida melhor. Muitos estrangeiros também se dirigiam para lá. Desde o início do século XX, o Brasil começou a receber grande número de imigrantes japoneses. Na década de 1930, parte deles rumou para a Amazônia, estabelecendo-se na cidade de Tomé-Açu, no Pará.

Esses imigrantes introduziram o cultivo de pimenta-do-reino, que se adaptou bem ao local, apesar da pobreza do solo. Para contornar esse problema, cavavam o solo o mais fundo possível, colocavam terra fertilizada com adubo e logo depois as sementes. A técnica deu certo, e o cultivo se espalhou até a região de Bragança, no Pará. O sucesso da iniciativa levou os imigrantes a organizarem cooperativas e a exportarem sua produção.

Cultivo de pimenta-do-reino em Tomé-Açu, no Pará.

Outra parcela de imigrantes dirigiu-se para o Estado do Amazonas, dedicando-se ao cultivo da juta, planta que fornece fibras de grande utilidade na fabricação de sacos e bolsas, por exemplo. De Parintins, na divisa entre o Pará e o Amazonas, a juta se expandiu para todo o Pará. Depois desenvolveu-se o cultivo da malva, planta nativa importante para a fabricação de tecidos mais resistentes. A área de Bragança, no Pará, tornou-se também grande centro produtor dessa fibra.

Duas etapas da lavagem de juta no rio Solimões, em 1985.

Com o início da Segunda Guerra Mundial (1940-1945), a produção de borracha voltou a ganhar força no Brasil, pois, como diversos países asiáticos em que se produzia a borracha foram atacados por uma das nações envolvidas no conflito — o Japão —, o fornecimento asiático de matéria-prima para a indústria de pneus foi interrompido nessa época.

Como os Estados Unidos e seus aliados no conflito necessitavam desse material, a exploração brasileira do látex cresceu novamente. Tal fato proporcionou outra onda de migrações para a região Norte, sobretudo constituída por nordestinos. Porém, logo após o final da guerra, a situação econômica voltou ao seu quadro anterior, e a região amargou outro período de declínio econômico.

A construção da rodovia Belém—Brasília, durante o governo de Juscelino Kubitschek (1956-1961), permitiu a expansão da malva para outras áreas, como os municípios de Capitão Poço e Paragominas, no Pará. Nessa mesma época, a mineração tornou-se importante atividade na região Norte.

A produção de manganês em Serra do Navio, no Amapá, e a exploração da cassiterita, em Rondônia, favoreceram novo fluxo migratório para a região. Mais uma vez, a procura por melhores condições de vida atraiu migrantes para a região. Como sempre, grande parcela desse contingente era composta por nordestinos.

A integração da Amazônia e os projetos governamentais

Desenvolvidas pelo governo brasileiro a partir dos anos 1950, técnicas modernas de pesquisa do subsolo — fotografias aéreas e de satélites, por exemplo, além das tradicionais pesquisas de campo — permitiram a descoberta de grandes jazidas minerais na Amazônia. Em 1964, quando teve início o período em que o Brasil passou a ser governado pelos militares, a preocupação com a Amazônia mudou. Cientes dessa riqueza, os militares passaram a ver a Amazônia como uma significativa reserva de recursos minerais em uma parte do país pouco povoada. Por isso consideraram necessário aproximar a Amazônia do restante do Brasil, para protegê-la de prováveis interesses escusos.

A Doutrina de Segurança Nacional

Logo após a Segunda Guerra Mundial, os Estados Unidos elaboraram uma doutrina de segurança nacional, com a finalidade de impedir o avanço do socialismo no mundo ocidental. Para propagar essa ideia, foram criadas as escolas militares National War College e Industrial College of the Armed Forces, frequentadas por militares de todo o mundo não comunista, principalmente pelos latino-americanos e, entre estes, os brasileiros.

Nessas escolas, ensinava-se aos latino-americanos a ideologia anticomunista e norte-americana de defesa dos valores do "mundo livre", ou seja, do Ocidente democrático, em contraposição aos valores do bloco soviético.

Em 1949, criou-se a Escola Superior de Guerra, que, por sua vez, elaborou a nossa Doutrina de Segurança Nacional, colocada em prática a partir do golpe militar de 1964. De acordo com os parâmetros dessa doutrina, a Amazônia era vista como uma área "vazia" a ser ocupada a todo custo, porque, sendo uma região rica, despertaria a cobiça de "inimigos", ou seja, dos comunistas e seus simpatizantes.

Dessa maneira, esse território deveria receber mais atenção do governo, ou seja, obter maior ocupação humana acompanhada de projetos visando ao desenvolvimento econômico da região Norte. Tratava-se, portanto, de uma nova visão dos governantes sobre a Amazônia.

Por outro lado, nas décadas posteriores, parte da população brasileira começou a se conscientizar da grande reserva biológica que a floresta constitui, por abrigar rica diversidade de plantas e animais. Tal mudança no modo de pensar foi influenciada pela propagação, em todo o mundo, da necessidade de as pessoas e as instituições se empenharem para proteger o meio ambiente a fim de garantir a vida no planeta.

Além disso, diante da inexistência de uma ampla reforma agrária capaz de solucionar as tensões históricas e crescentes tensões sociais no campo, a ocupação da região amazônica passou a ser encarada como forma de diminuir os confrontos entre a população pobre em busca de terra (um velho problema brasileiro) e os grandes proprietários que queriam (e querem) manter sob sua posse as terras.

Os projetos de colonização dirigida foram organizados, e terras começaram a ser oferecidas para todos os que quisessem ocupá-las e explorá-las permanentemente. Os agricultores que haviam deixado o campo e se instalado nas grandes cidades, onde viviam quase sempre em péssimas condições de vida, poderiam também ir para a região Norte. Esperava-se, dessa maneira, tornar mais fortes os vínculos da Amazônia com o restante do Brasil.

Tendo em vista esse plano do governo militar e com a finalidade de promover a integração e o desenvolvimento da região, o governo criou a Superintendência para o Desenvolvimento da Amazônia (Sudam) em 27 de outubro de 1966 (pela Lei 5.173), substituindo a Superintendência do Plano de Valorização Econômica da Amazônia (SPVEA), criada em 6 de janeiro de 1953 (pela Lei 1.806), durante o governo Getúlio Vargas, voltado para a "atuação científica" do Estado.

Na realidade, tratava-se de criar um órgão de planejamento e desenvolvimento para a região, tal como a Superintendência para o Desenvolvimento do Nordeste (Sudene) fora criada em 1959 para o Nordeste. Contudo, os militares encaravam a questão amazônica essencialmente como geopolítica, ou seja, para eles a região era estratégica e atiçava a cobiça de "inimigos" externos, de acordo com a Doutrina de Segurança Nacional.

Os pioneiros

A chegada à Amazônia de novos contingentes populacionais, principalmente do Nordeste, foi incentivada pelos governos desde a década de 1970. Os projetos de colonização dirigida e construção de rodovias foram fundamentais para se ocuparem áreas pouco povoadas na região Norte. Entretanto, era necessário muito mais do que somente o espírito empreendedor dos "aventureiros".

Posteriormente, a falta de infraestrutura e de ajuda governamental e a péssima condição das estradas rapidamente tornaram a sobrevivência das camadas mais pobres extremamente difícil. Além disso, grandes proprietários começaram a comprar mais e mais terrenos, provocando a concentração de terras. Tal fato favoreceu a expulsão dos pequenos agricultores das áreas ocupadas.

Por outro lado, os grupos que vieram do Centro-Sul, principalmente dos Estados do Sul, com algum dinheiro tiveram melhor sorte. Compraram terras e iniciaram o cultivo de soja, arroz, milho ou criaram pastagens.

Em termos gerais, poucos tiveram o êxito esperado em seu deslocamento para a região Norte. A grande maioria continua vivendo em péssimas condições, principalmente nas periferias das grandes cidades da região.

A mesma lei que criou a Sudam estabeleceu a chamada *Amazônia legal*, compreendendo toda a Amazônia brasileira, que atualmente corresponde a mais da metade do país: praticamente todo o território dos Estados da região Norte (Amazonas, Rondônia, Acre, Roraima, Pará, Amapá, Tocantins), além de boa parte de Mato Grosso e oeste do Maranhão, abrangendo um total de 5 milhões de quilômetros quadrados. Observe o mapa a seguir e compare-o com o da página 9.

Por meio da Medida Provisória 2.157-5, de 24 de agosto de 2001, ou seja, anos depois do fim do regime militar, ocorrido em 1984, o governo federal extinguiu a Sudam, após inúmeras denúncias de desvios de verbas. Procurava-se acabar com esquemas milionários de uso do dinheiro público, o qual, embora fosse destinado a projetos de desenvolvimento, se dirigia para as mãos de poucos privilegiados. Esse órgão foi substituído pela Agência de Desenvolvimento da Amazônia (ADA), a qual, espera-se, esteja mais bem preparada para evitar a repetição de tais problemas.

Fonte: *Anuário estatístico do Brasil 1997*. Rio de Janeiro: IBGE, 1997.

Ainda com a preocupação de desenvolver a região Norte, em 1967 foi criada a Superintendência da Zona Franca de Manaus (Suframa), cujo funcionamento só se iniciou em 1972. Várias empresas foram incentivadas a instalar unidades na Amazônia, em troca de isenção de impostos (não teriam de pagá-los) e de disponibilidade de mão de obra barata. Havia particular interesse em instalar ali indústrias do setor elétrico-eletrônico, uma novidade na época. Os militares pensavam que a instalação de modernas fábricas fosse atrair profissionais mais graduados para a região e que, com eles, se promoveria a modernização social.

De fato, indústrias de diversos países (japonesas, francesas, norte-americanas, etc.), bem como indústrias brasileiras originárias de outras regiões, montaram fábricas em Manaus. Mas a produção, na verdade, na maior parte dos casos resumia-se à montagem de produtos feitos com peças importadas. Não houve desenvolvimento de pesquisa tecnológica, e poucos empregos especializados foram criados.

Zona Franca de Manaus

A Zona Franca de Manaus (ZFM) produz eletrodomésticos e motocicletas, entre muitos outros produtos. Quem nunca viu em algum objeto a inscrição "produzido na Zona Franca de Manaus"?

Para fugir dos impostos elevados da região Centro-Sul, inúmeras indústrias, nacionais ou estrangeiras, aproveitaram-se das facilidades oferecidas pelo governo e deslocaram suas fábricas para Manaus. Outro fator levado em consideração na transferência das fábricas foi a mão de obra barata.

Na verdade, a ZFM tornou-se uma grande montadora de produtos: vários deles são simplesmente montados com peças importadas das matrizes (sedes) das empresas, porque, em virtude do valor da mão de obra dos trabalhadores brasileiros e dos impostos aqui cobrados, é muito mais barato enviar as peças para o Brasil, montar os produtos aqui e enviá-los de volta para o país de origem.

Na década de 1990, vários Estados brasileiros diminuíram os impostos cobrados — fato que ficou conhecido como "guerra fiscal" — para atrair novas indústrias, principalmente estrangeiras, o que levou diversos empresários a optarem pelo deslocamento de suas empresas para a proximidade dos mercados consumidores. Consequentemente, a ZFM perdeu seu atrativo principal.

Os incentivos do governo terminarão em 2013, fato que, para os especialistas, deve comprometer a existência da Zona Franca de Manaus após esse período.

Outra iniciativa do governo para implementar a ocupação de inúmeras áreas ainda pouco habitadas foi a criação de núcleos de colonização dirigida. O Instituto de Colonização e Reforma Agrária (Incra) teve, entre 1970 e 1974, a missão de organizar esse processo; por meio dos Projetos de Colonização Integrada, demarcava as terras e fornecia assistência técnico-financeira, enquanto por meio do Projeto do Assentamento estabelecia simples demarcações e titulações de áreas ocupadas espontaneamente. Milhares de pessoas do Brasil inteiro foram atraídas para esses núcleos — para lá inicialmente se dirigiram nordestinos, que, sem preparo e sem apoio, deram lugar aos indivíduos do Centro-Sul (capixabas, mineiros, catarinenses e paranaenses).

A construção de rodovias facilitou a integração da região ao restante do país. Até então, o deslocamento para a região Norte revelava-se muito difícil. As principais vias de transporte eram os rios.

A construção das rodovias Transamazônica, Brasília—Acre, Cuiabá—Santarém, Perimetral Norte e Manaus—Porto Velho possibilitaram considerável aumento da população na região, ao mesmo tempo que facilitaram o abastecimento e o escoamento da produção local. Mas a conservação dessas estradas, difícil e muito cara, nem sempre foi executada.

Adaptado de: *Atlas geográfico escolar*. Rio de Janeiro: IBGE, 2002; DNER.

As agrovilas, núcleos de povoamento nas margens das rodovias, deveriam permitir perfeita fixação das famílias, principalmente as dos camponeses nordestinos. Entretanto, a iniciativa fracassou, pois dificuldades — por exemplo, precária assistência técnica para o cultivo e falta de ajuda financeira — levaram essas famílias a abandonarem os núcleos de povoamento.

Por outro lado, os conflitos entre grandes fazendeiros e posseiros (pessoas que procuram se apoderar de pedaços de terras) começaram a aumentar consideravelmente. No capítulo 3, discutiremos mais esses problemas.

O Projeto Calha Norte

Mesmo depois do fim do regime militar, ocorrido em 1984, o governo continuou a desenvolver ações específicas para a Amazônia, ainda vista, sobretudo pelos militares, como zona estratégica para o país.

A partir de então, porém, a maior preocupação passou a ser com a defesa da região em si, sem o dimensionamento exagerado que a Doutrina de Segurança Nacional proporcionava a essa questão.

O fato é que, além de grandes riquezas minerais, na Amazônia encontra-se um tesouro extremamente valioso: plantas e animais a partir dos quais podem ser gerados inúmeros produtos cosméticos, farmacêuticos, alimentares, etc., sem mencionar a madeira que da floresta é retirada. Além disso, em razão da sua localização e do pouco controle do espaço aéreo, aviões particulares cruzam os céus da Amazônia transportando drogas destinadas tanto ao consumo interno como externo, integrando o poderoso tráfico internacional.

Tendo em vista encontrar soluções para essas preocupações, em 1985 foi implementado o Projeto Calha Norte, que consiste na instalação de bases militares próximas aos rios Solimões e Amazonas. O objetivo é impedir o contrabando de ouro e diminuir os atritos entre os diversos grupos que lutavam e lutam pela posse ou exploração da terra.

A área englobada é de 6 500 quilômetros de extensão e 160 quilômetros de largura, abrangendo as fronteiras do Brasil com Guiana Francesa, Suriname, Guiana, Venezuela e Colômbia. Integra esse projeto um ambicioso plano de monitoramento remoto (controle a distância) da Amazônia, denominado Sistema de Vigilância da Amazônia (Sivam), cuja proposta foi lançada em 1990. Os Centros Regionais de Vigilância localizam-se em Manaus, Porto Velho e Belém. Em 18 de outubro de 2004, ocorreu o teste final de implantação do Sivam, garantindo 98% de funcionamento do banco de dados do sistema.

Por meio dos equipamentos a serem instalados, não só será possível controlar o contrabando, como se poderá monitorar com precisão as queimadas e o desmatamento para extração de madeira.

Na verdade, o processo de ocupação da Amazônia continua. Apesar de a população atual ser bem maior do que há cinquenta ou cem anos, esse ainda é considerado um território de baixa densidade demográfica, ou seja, possui poucos habitantes por metro quadrado, havendo ainda muitas áreas a serem ocupadas. Por que será que, com tantos programas e incentivos para estimular a ocupação da Amazônia, isso não ocorreu plenamente? E até que ponto essa região deve, de fato, contar com maior número de habitantes? Nos próximos capítulos, vamos procurar discutir essas questões.

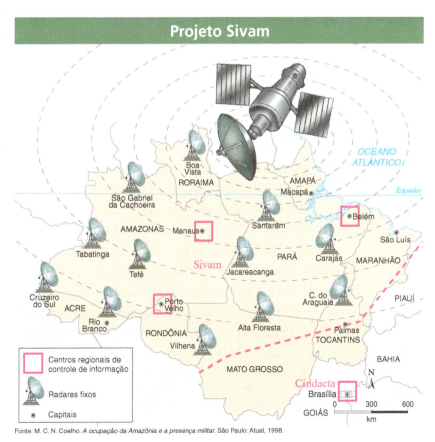

Fonte: M. C. N. Coelho. *A ocupação da Amazônia e a presença militar*. São Paulo: Atual, 1998.

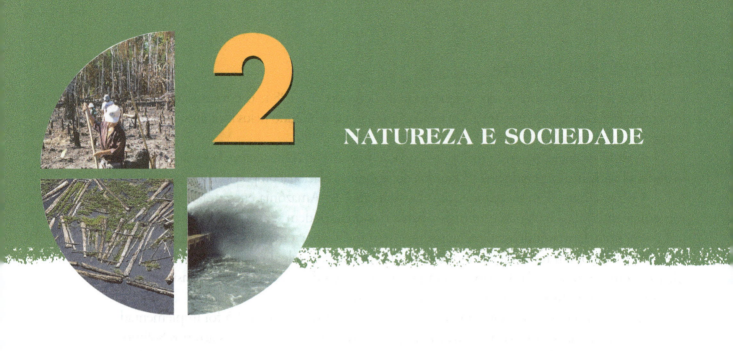

2 NATUREZA E SOCIEDADE

A floresta Amazônica tornou-se um dos símbolos brasileiros no exterior, assim como o carnaval e o futebol. Apesar da variedade e da ideia de essa ser uma floresta intransponível, em razão da sua grandiosidade em todos os aspectos, trata-se, na verdade, de ambientes muito frágeis e sensíveis à ocupação e ao desgaste de seus recursos naturais.

Cerca de 60% da floresta Amazônica situa-se em território brasileiro, fato que pode ser mensurado por meio de uma comparação: nessa área caberiam, por exemplo, sete Franças (país que ocupa um território de 543 965 quilômetros quadrados). A fauna e a flora representam aspectos impressionantes de sua biodiversidade. A variedade de peixes ali encontrada chega a cerca de 3 mil espécies. Se compararmos com a Europa, onde há por volta de duzentas espécies de peixes, a Amazônia possui quinze vezes mais.

Outro indicador da grandiosidade amazônica é a sua bacia hidrográfica, que possui uma área de 3 904 392,8 quilômetros quadrados, a maior do mundo. Entretanto, a degradação ambiental nesse território também chama a atenção: nas últimas três décadas do século XX, exatamente quando se intensificou a ocupação da região, a destruição da floresta foi maior que nos quatro séculos anteriores.

O fato é que, dependendo do tipo de atuação do ser humano na floresta, provocam-se ou não inúmeras alterações no ecossistema amazônico. A forma como a sociedade encara os recursos naturais pode explicar a devastação ali ocorrida.

Os indígenas, por exemplo, vêem a natureza como uma aliada: se ela fornece o alimento, tem que ser preservada para continuar a fornecer o sustento necessário ao desenvolvimento das futuras gerações. Trata-se de um raciocínio simples, fácil de acompanhar e coerente. E as populações nativas procuram explorar a natureza de acordo com regras muito antigas, transmitidas por seus ancestrais, e voltadas para a preservação. Em ▶ nossa sociedade, o que predomina é a busca pelo lucro a qualquer custo, muitas vezes sem se importar nem mesmo com a possibilidade de não haver recursos a serem explorados em um futuro não muito distante.

> Sobre as diferenças culturais entre a região Norte e o Sudeste, você pode ler a história *Macapacarana*, de Giselda Laporta Nicolelis (25ª ed., Atual, 2003).

A preocupação com o lucro, porém, não impede que se procure utilizar os recursos naturais de maneira "correta" do ponto de vista

18

ambiental, isto é, buscando garantir a preservação do meio ambiente. Por exemplo, ao escolherem o tipo de árvore a ser cortada (usando como critério, por exemplo, cortar os tipos que não estejam em extinção) e ao se preocuparem com o replantio do que foi extraído, determinadas empresas madeireiras agem de forma "correta" quanto à preservação ambiental. Por outro lado, ao extraírem as árvores sem a preocupação de se restringir aos tipos que podem ser extraídos, sem providenciar o replantio, as madeireiras agem de maneira ambientalmente "incorreta", isto é, sem levar em conta a necessidade de preservar o meio ambiente.

No capítulo 3, discutiremos como é possível preservar a natureza e ao mesmo tempo tirar proveito de seus recursos.

• Conhecendo a floresta Amazônica

Imagem de satélite em que se vê a confluência do rio Amazonas com o rio Negro. Nessa bela e distante foto, observe como a floresta parece homogênea.

De modo geral, a visão que quase sempre temos da floresta, por meio de fotos ou da televisão, é aérea, o que dá a impressão de grande homogeneidade no tamanho e na forma das árvores. Esse tipo de foto não revela o imenso ecossistema ali pulsante, que abriga grande variedade vegetal e animal.

Em relação ao tamanho das árvores que compõem a floresta, de maneira geral, a altura média é 40 metros, mas há diversos extratos de mata.

A altura das árvores provoca uma consequência importante: a pouca penetração de raios solares no interior da floresta. Ao procurarem maior luminosidade, as copas das árvores formam uma espécie de cobertura que dificulta a penetração do sol e, consequentemente, a proliferação de vegetação rasteira. Assim, mesmo localizada em uma das áreas de mais intensa iluminação solar, já que está próxima da linha do equador, a floresta é relativamente escura.

Algumas características da floresta dão a ela um aspecto grandioso e podem nos fazer supor que o solo é muito fértil, uma vez que sustenta toda essa vegetação. Entre essas características, destacamos:

— suas plantas possuem folhas largas (formação vegetal latifoliada);
— a flora local apresenta grande variedade de espécies (portanto é heterogênea);
— trata-se de um floresta hidrófila, ou seja, própria de ambiente úmido;
— trata-se de uma floresta fechada, com muitas árvores concentradas em determinado espaço (densa), e está sempre verde (perene).

Apesar da força aparente, o solo amazônico é na verdade bastante infértil. Se árvores tão altas podem crescer e viver nesse ambiente, isso se deve ao perfeito equilíbrio entre o solo e a vegetação.

Tudo é reciclável e está interligado dentro da floresta. Nada se perde. Folhas que caem, animais mortos, micro-organismos, enfim, tudo faz parte de um complexo processo de reciclagem que garante a manutenção do ecossistema. Qualquer pequena alteração pode provocar o desequilíbrio do meio ambiente, desencadeando consequências graves para o ecossistema amazônico e a humanidade em geral. Portanto, cabe ao ser humano escolher seu papel diante dessa realidade: ele pode atuar tanto na preservação como na destruição da floresta.

Por esse motivo, é preciso pensar nas atitudes tomadas em relação a essa floresta e nas consequências imediatas e a longo prazo que delas resultam. Por exemplo, quando se desmata o terreno e se implanta qualquer tipo de cultivo, por exemplo, o frágil solo permeável e arenoso logo se esgota. A terra precisa ser abandonada, deixando para trás só destruição.

Terreno desmatado e queimado com o intuito de preparar o solo para lavoura, em um roçado denominado Rio Negro, na Amazônia.

Outra característica da região amazônica é a lixiviação, que é a dissolução e remoção dos constituintes das rochas e dos solos, muito acentuada em virtude das constantes chuvas, que retiram a camada nutriente, o húmus, da superfície do solo. A vegetação então é obrigada a absorver em menor espaço de tempo esses nutrientes, já que eles logo são levados pelas águas. Embora as chuvas causem esse transtorno, sem elas a floresta não teria como sobreviver. Uma parcela dessas chuvas vem da evapotranspiração (evaporação das águas e transpiração das folhas) da própria floresta e outra do oceano Atlântico. Qualquer alteração nesse ciclo hidrológico (ciclo das águas) pode determinar o desenvolvimento de processos de desertificação, ou seja, a formação de áreas desérticas, o que gera outros desequilíbrios no ambiente.

Quem olha as imensas árvores da floresta pode pensar que elas são sustentadas por raízes muito profundas. Entretanto, a grande umidade promove uma curiosa contradição: árvores com algumas dezenas de metros de altura possuem raízes curtas, pois, como a oferta de água na superfície é grande, não há necessidade de raízes profundas. Além disso, como as árvores de determinada área se sustentam mutuamente, a retirada de uma árvore leva as demais ao chão.

Embora em geral as fotos da floresta, por a mostrarem de cima, deem a impressão de que ela recobre toda a Amazônia, na região há também outros tipos de vegetação, como cerrados e campos. Por exemplo, os chamados Campos do Norte, localizados entre a Amazônia e a Caatinga, constituem uma área de transição (mais seca) na qual predominam palmeiras (mata dos Cocais). São áreas que perderam a sua vegetação original devido ao desmatamento. Nas bordas da floresta ocorre o mesmo, principalmente nas terras próximas ao Centro-Oeste: o Cerrado.

Mata dos Cocais, tipo de vegetação que se encontra não só na Amazônia, mas também no Nordeste. Na foto, imagem do município de Açu, Rio Grande do Norte.

• A biodiversidade

A palavra *biodiversidade*, muito usada nos últimos anos, refere-se, de modo geral, à variedade de espécies animais e vegetais de determinado ambiente.

Na floresta Amazônica há milhões de plantas diferentes. As que já foram catalogadas chegam a 30 mil espécies, ou seja, representam cerca de 10% das plantas do planeta.

Essa grande variedade de fauna e flora faz da Amazônia um tema central em diversos estudos ambientais e econômicos. De acordo com os estudiosos do clima, os climatologistas, a preservação da Amazônia é fundamental para a vida na Terra. A floresta atua na manutenção do equilíbrio climático, já tão alterado pelo efeito estufa, que é o aumento da temperatura do planeta decorrente, sobretudo, da queima de combustíveis como a gasolina e o carvão por meio de dióxido de carbono (CO_2). Daí hoje em dia muitos estarem convencidos de que a destruição da floresta poderia trazer consequências catastróficas para toda a humanidade.

Quanto ao aspecto econômico, a biodiversidade existente na floresta pode fornecer matéria-prima a um segmento fundamental da chamada Terceira Revolução Industrial, a biotecnologia. Plantas conhecidas, ou que ainda serão conhecidas, são de grande importância para a indústria farmacêutica e podem ajudar a salvar a vida de milhões de pessoas no planeta. Nesse empenho, os conhecimentos que os indígenas possuem sobre as funções medicinais de diversas ervas, raízes, folhas e frutos podem ser de enorme valia.

Essa riqueza, entretanto, também gera conflitos. Os indígenas, que usam essas plantas há muitos anos, têm enfrentado uma disputa com pessoas enviadas pelas indústrias farmacêuticas, que, sob o domínio dos países desenvolvidos (Estados Unidos, França, Alemanha, Inglaterra, etc.), pretendem se apossar dessa matéria-prima.

Com base nas indicações dos indígenas, essas indústrias iniciam uma série de pesquisas com a finalidade de comprovar o uso terapêutico das plantas. Comprovada sua eficiência, o laboratório registra a fórmula da droga como sua, ou seja, patenteia o medicamento, impedindo que outras empresas o produzam durante determinado tempo. Esses laboratórios passam a lucrar bilhões de dólares por ano com a venda do remédio, inclusive para nós, brasileiros. Na verdade, é necessária uma legislação eficiente, capaz de regular a extração e o uso dos recursos proporcionados pela flora amazônica.

Biotecnologia

É possível definir biotecnologia como a aplicação dos princípios científicos e da engenharia ao processamento de materiais, por meio de agentes biológicos, com a intenção de produzir bens e assegurar serviços. O quadro a seguir talvez facilite a compreensão dessa ideia.

microbiologia, bioquímica, genética, engenharia, química, informática		micro-organismos, células e moléculas (enzimas, anticorpos, ADN, etc.)
Áreas de conhecimento		**Agentes biológicos**
	Biotecnologia	
Bens		**Serviços**
alimentos, bebidas, produtos químicos, energia, produtos farmacêuticos, pesticidas, etc.		purificação da água, tratamentos de resíduos, controle de poluição, etc.

Podemos ainda afirmar que a biotecnologia é um conjunto de técnicas que permite à indústria farmacêutica cultivar micro-organismos para produção de antibióticos a serem comprados nas farmácias. Também é o saber que permite o cultivo de células de morango para obter mudas comerciais. E também se chama biotecnologia o processo que proporciona o tratamento de despejos sanitários pela ação de micro-organismos em fossas sépticas.

Biotecnologia: passado e futuro

Mas o que difere essas técnicas atuais das usadas, por exemplo, na Antiguidade, quando o ser humano fazia pães e bebidas fermentadas, ou das técnicas astecas de cultivo de algas em lagos? Na verdade, as atividades biotecnológicas de hoje diferem muito das artesanais.

A partir do século XIX, assistimos a grandes avanços na tecnologia das fermentações. No início do século XX, desenvolveram-se as técnicas de cultura de tecidos, e, a partir dos anos 1950, a biologia molecular e a informática permitiram a automatização e o controle das plantas industriais.

No final da década de 1970, a engenharia genética revolucionou a biotecnologia, possibilitando que uma célula seja levada a fazer algo para o qual ela não estava programada. Essa nova fase da biotecnologia, colocando ao alcance da ciência a possibilidade de novas atuações do ser humano, tem provocado inúmeros debates e controvérsias — no campo da biodiversidade, das patentes, da ética —, exigindo séria reflexão a respeito dos valores do indivíduo e da sociedade em geral.

(Texto baseado nas informações transmitidas pelo *site* www.ort.org.br/bio/oquee.htm)

• O clima e o relevo amazônico

Viver em um local com muitas árvores, animais e rios pode ser o sonho de muitas pessoas. Embora a floresta Amazônica apresente todas essas características, seu clima, muito quente e úmido, não é exatamente favorável à ocupação humana. Vamos conhecer melhor o quadro climático dessa área.

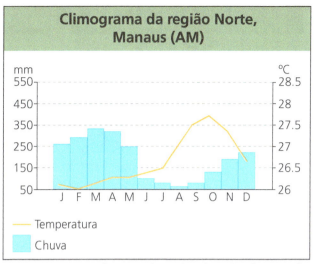

Fonte: D. Magnoli e R. Araújo. *Projeto de Ensino de Geografia*. São Paulo: Moderna, 2000.

Predominante na região, o clima equatorial úmido possui médias de temperaturas elevadas, entre 25 °C e 27 °C, e precipitação pluviométrica (chuvas) entre 2 e 3 mil milímetros por ano. Só para comparar, as temperaturas médias do clima subtropical, predominante na região Centro-Sul do país, variam entre 14 °C e 20 °C, e as chuvas variam entre 1 250 e 2 mil milímetros por ano.

Na parte ocidental da Amazônia, a precipitação é maior, cerca de 3 mil milímetros por ano. Isso equivale a 3 mil litros de chuva por metro quadrado ou a três caixas-d'água de mil litros cada uma. Não existe na região uma época de estiagem (seca), fato que pode ser visualizado com facilidade no climograma acima, em que estão representadas as quantidades médias de chuvas em Manaus, ao longo dos doze meses do ano.

Além disso, o deslocamento pela maior parte da região Amazônica só pode ser feito através dos rios, o melhor meio de transporte local disponível. As rodovias construídas ficam frequentemente obstruídas em razão das chuvas, e sua manutenção é difícil.

No gráfico, podemos observar que durante o mês mais seco, agosto, caem cerca de 60 milímetros de chuvas. Não muito longe dali, no Cerrado central (em Brasília, por exemplo), no mesmo mês a pluviosidade não passa de 50 milímetros.

São poucos os produtos agrícolas que suportam tal quantidade de chuva, o que reduz as possibilidades agrícolas. Seria necessário desenvolver espécies próprias para essas condições climáticas, mas não há muito interesse no financiamento de pesquisas que possibilitem a criação dessas espécies. Além disso, as dificuldades de acesso e circulação na região tornam a instalação de fábricas pouco atraente, o que também colabora para o pequeno desenvolvimento econômico local.

Em um mapa do relevo brasileiro, como o apresentado a seguir, podemos observar que o relevo da Amazônia segue uma característica predominante na maior parte do país, ou seja, apresenta altitudes que não ultrapassam os 500 metros. Mesmo assim, curiosamente os pontos culminantes do Brasil, o pico da Neblina (3 014 m) e o pico 31 de Março (2 992 m), localizam-se nessa região.

Em Geografia, um dos recursos mais eficientes para perceber a variação das altitudes de uma região são os mapas de relevo, nos quais podemos perceber que cada cor representa terrenos com determinada variação de altitude. No caso da região amazônica, o predomínio é de áreas com altitudes inferiores a 800 metros.

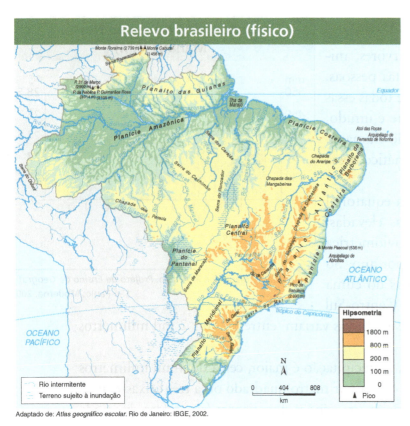

Adaptado de: *Atlas geográfico escolar*. Rio de Janeiro: IBGE, 2002.

Se comparamos o relevo da Amazônia com o do Brasil em geral, percebemos que no país, especialmente na região Sudeste, predominam altitudes maiores.

De maneira geral, encontramos três níveis de relevo na Amazônia: áreas permanentemente inundadas — ocupadas pela mata de igapó —, terraços fluviais inundados durante as enchentes — onde predomina a mata de várzea — e baixos planaltos — ocupados pela mata de terra firme, que é a mais exuberante formação vegetal da Amazônia.

Localizada nos terrenos baixos próximos aos rios, a mata de igapó é permanentemente alagada. Nela encontramos a vitória-régia e a piaçava.

Situada entre 10 e 100 metros de altitude, a mata de várzea inunda durante as cheias periódicas, que ocorrem entre a primavera e o verão. A variedade vegetal é grande, com inúmeras espécies que fornecem o látex. Num patamar superior, entre 100 e 200 metros, encontramos a mata firme, que fica livre de inundações e corresponde a cerca de 90% da área total da Amazônia. Algumas de suas espécies chegam a mais de 60 metros de altura. Árvores de grande valor comercial estão situadas nesse segmento da floresta; entre elas, destacam-se o guaraná e o castanheiro.

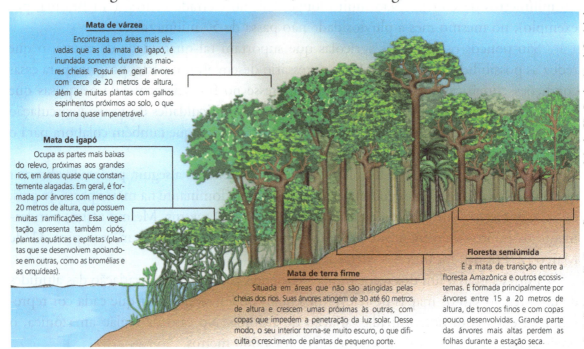

Variação da altura das árvores da floresta Amazônica.

(L. Boligian et alii. *Geografia*: espaço e vivência. São Paulo: Atual, 6ª série.)

As chuvas na Amazônia

A Amazônia é uma das áreas mais chuvosas do Brasil, daí a existência, na região, de uma ampla faixa dominada por um clima superúmido, sem estação seca. Apenas os estados de Roraima e do Tocantins apresentam 4 a 5 meses secos.

O que justifica a existência de tanta chuva na Amazônia? Para responder a essa questão, é preciso lembrar que as condições climáticas da Amazônia são o resultado da combinação de vários fatores, como [...] a posição geográfica da região, o relevo, a cobertura vegetal, a disponibilidade de energia solar e a circulação atmosférica. Desses fatores, dois influenciam consideravelmente o regime de chuvas da Amazônia.

O primeiro fator é a disponibilidade de energia solar. A região recebe uma enorme quantidade de insolação durante o ano inteiro. Esse calor chega à superfície terrestre, aquece-a. Depois de aquecida, essa superfície começa a transmitir calor para a baixa atmosfera, provocando um fenômeno conhecido como convecção, ou seja, uma transmissão de calor pelo movimento vertical do ar. É algo parecido com uma chaminé de uma fábrica, que leva calor para cima. É esse movimento que contribui para que se originem chuvas convectivas, que sempre se fazem acompanhar por relâmpagos e trovões. São aguaceiros pesados. E mais, esse calor colabora para que haja uma forte evaporação da água que é transpirada pelos vegetais. Essa água é proveniente do fenômeno que os climatologistas chamam de "evapotranspiração".

O segundo fator que colabora consideravelmente para os altos índices de chuvas na região é a circulação atmosférica. A Amazônia encontra-se submetida à ação de uma grande massa de ar, que recebeu a denominação de Massa Equatorial Continental. Essa massa, que é excessivamente úmida e quente, origina-se sobre a Amazônia, mais especificamente na área do Alto Curso do rio Solimões. Nesta área ela passa o ano inteiro, desencadeando muita chuva.

(Gentilmente, o professor Lucivânio Jatobá, da Universidade Federal de Pernambuco, escreveu esse texto a pedido do autor.)

• Hidrografia

Não só a floresta é fundamental na região. Cerca de um quinto da água doce do mundo passa pelo rio Amazonas, fato que torna a bacia Amazônica uma das mais importantes do planeta. Por isso os recursos hídricos (água) da região devem ser utilizados de forma bem pensada. É bom lembrar que os rios fornecem não só a energia hidrelétrica como também alimentação e meios de deslocamento para as populações ribeirinhas (são assim chamados os moradores das margens dos rios), principalmente em áreas de difícil acesso.

Para fins de estudo, a região amazônica é dividida em três bacias hidrográficas: a Norte, a Tocantins—Araguaia e a Amazônica.

A bacia do Norte, situada no Estado do Amapá, possui pequenas dimensões. O seu principal rio é o Araguari. Segundo o Instituto Brasileiro de Geografia e Estatística (IBGE), o potencial hidrelétrico dessa bacia é de 3 100 megawatts (megawatts é a unidade de grandeza usada para medir o potencial hidrelétrico), equivalente ao consumo total da região Norte em 2000. Esse valor é suficiente para abastecer mensalmente uma cidade de aproximadamente 47 300 habitantes com energia elétrica.

A outra bacia importante, a Tocantins—Araguaia, é fundamental para o desenvolvimento industrial da região. A usina hidrelétrica de Tucuruí é uma das maiores do mundo, sendo responsável por grandes impactos ecológicos na Amazônia. Ao entrar em funcionamento em 1984, inundou uma enorme área, matando inúmeras espécies vegetais e animais, mesmo ao se tentar salvá-las. O potencial hidrelétrico da bacia é de 28 300 megawatts.

A bacia Amazônica é responsável pela metade do potencial hidrelétrico brasileiro. Os afluentes da margem direita do rio Amazonas (rios Tocantins, Araguaia, Madeira, Tapajós e Xingu, entre outros) são os mais propícios para utilização hidrelétrica em virtude das inúmeras quedas originadas pela inclinação natural do planalto Central. Seu potencial hidrelétrico é de 105 500 megawatts.

Usina hidrelétrica de Tucuruí.

Fonte: V. R. Bochicchio. *Atlas Mundo Atual*. São Paulo: Atual, 2003.

Área e potencial hidrelétrico das bacias hidrográficas brasileiras		
	Área (em km²)	**Potencial hidrelétrico (em GWh)**
Bacia Amazônica	3 904 392,8	2 234,0
Bacia do São Francisco	645 067,2	54 713,8
Bacia Tocantins—Araguaia	813 674,1	29 614,4
Bacia do Prata (Paraná—Uruguai)	1 397 905,5	184 917,4
Bacia Atlântico Sul—Parnaíba	1 786 335,1	20 180,7

Fonte: V. R. Bochicchio. *Atlas Mundo Atual*. São Paulo: Atual, 2003.

• A degradação ambiental

Embora as sociedades humanas dependam da exploração dos recursos da natureza, a apropriação desses recursos é feita, na maioria dos casos, sem a preocupação com o impacto causado pela exploração.

Evidentemente nas últimas décadas a discussão sobre a preservação do meio ambiente favoreceu a maior conscientização dessas ações e da necessidade de se diminuir a destruição da floresta. Entretanto, ainda estamos longe de reverter a grande destruição iniciada, e isso coloca a existência humana em risco. A possibilidade de esgotamento dos recursos e a forma impensada como estes são extraídos colaboram para agravar o quadro ameaçador, caso a sociedade não seja reeducada.

A Amazônia tornou-se um centro de disputas por possuir grandes riquezas naturais. Estas são cobiçadas por brasileiros e por empresas de vários países como as indústrias madeireiras estrangeiras, que atuam de maneira efetiva sobre a floresta.

> Para saber como é possível explorar economicamente a floresta sem destruí-la, consulte *A conservação das florestas tropicais*, de S. A. Furlan e J. C. Nucci (2ª ed., Atual, 2005).

Hoje em dia, atuam na região amazônica várias madeireiras asiáticas, não legalizadas, que deixam um rastro de destruição por onde passam, comprometendo o futuro dos recursos. Muitas delas são responsáveis também pelo incrível desmatamento das florestas tropicais do sudeste asiático.

No campo agropecuário, a formação de pastagens pelos grandes proprietários de terras tem destruído gigantescas áreas. Em razão do solo fraco, o capim cresce pouco e obriga os fazendeiros a terem um número reduzido de animais em suas propriedades, o que as torna pouco rentáveis.

Os grandes proprietários procuram então aumentar seus lucros comprando ou incorporando áreas para praticar a chamada especulação imobiliária, baseada na ideia de que se devem manter grandes terrenos vazios (subaproveitados), à espera de que, no futuro, aumentem de valor. Por exemplo, uma área comprada por um preço muito baixo, após a construção de uma rodovia nas proximidades, torna-se bem mais valorizada. Enquanto aguarda a valorização do terreno, o proprietário não se preocupa em tornar sua fazenda produtiva, menos ainda em oferecer empregos a pessoas do local. Apenas derruba a mata.

Outro grupo que colabora para o aumento dos problemas ambientais são os garimpeiros, dedicados à exploração do ouro. Utilizado no processo de garimpagem para facilitar a visualização das pepitas de ouro em meio ao cascalho, o mercúrio (metal altamente tóxico) traz um sério problema para o meio ambiente. Por ser excessivamente poluente e bastante utilizado, esse metal contamina o rio e os peixes, representando um grande perigo para a população. Além disso, os garimpeiros também ocupam terras indígenas e frequentemente se tem notícia de conflitos entre esses dois grupos humanos.

Desde as últimas décadas do século XX, ambientalistas e cientistas empenham-se em divulgar um novo tipo de utilização dos recursos naturais: o desenvolvimento sustentável. Essa proposta está relacionada com a forma "correta" de utilização dos recursos, que mencionamos na página 39 ("Desenvolvimento em benefício de todos").

A essência da proposta é simples: utilizar os recursos tomando as devidas providências para não agredir a natureza. A exploração de ervas e frutos da floresta, por exemplo, seria feita de maneira a não colocá-las em risco de extinção, e peixes poderiam ser criados de forma a assegurar alimentação para as populações ribeirinhas.

Essa mudança no modo de extrair e utilizar os recursos naturais se faz urgente. Em 1994, o Instituto Nacional de Pesquisas Espaciais (Inpe), por meio de imagens de satélites, conseguiu obter a taxa média de desflorestamento anual da floresta Amazônica: 0,4%, algo equivalente a 14 896 quilômetros quadrados. Essa área, em relação aos anos 1990-1991, representou um aumento de 34%.

Em 1997, das treze empresas madeireiras atuantes na região, onze foram multadas pelo governo. No mesmo ano, o governo federal suspendeu a exploração de alguns tipos de árvore.

Nenhuma propriedade rural, segundo a legislação ambiental vigente, pode explorar, em termos agrícolas, mais de 20% da sua área total. Essa medida deveria garantir a manutenção de 80% da floresta nativa; entretanto, a fiscalização é difícil, e poucos respeitam essa determinação.

O fato é que os grandes fazendeiros, os pequenos proprietários, os posseiros, as mineradoras e as madeireiras, cada grupo com seu motivo específico, procuram explorar ao máximo as potencialidades da floresta. A falta de recursos e a pressão desses grupos interessados na exploração das riquezas dificultam a obtenção de resultados concretos no controle e na guarda das matas.

Toras sendo levadas pelo rio Negro durante o processo de extração de madeira.

Evolução do desmatamento (taxa média em quilômetros quadrados)						
Estado	1978-1988	1989-1990	1991-1992	1993-1994	1995-1996	1997-1998
Acre	620	550	400	482	433	536
Amapá	60	250	36	–	–	30
Amazonas	1 510	520	799	370	1 023	670
Maranhão	2 450	1 110	1 135	375	1 061	1 012
Mato Grosso	5 140	4 020	4 674	6 220	6 543	6 466
Pará	6 990	4 890	3 787	4 284	6 135	5 829
Rondônia	2 340	1 670	2 265	2 595	2 432	2 041
Roraima	290	150	281	240	214	223
Tocantins	1 650	580	409	333	320	576
Total	21 130	13 810	13 776	14 896	18 161	17 383

Fonte: Instituto Nacional de Pesquisas Espaciais (Inpe).

Por esse motivo, podemos acreditar que, sem uma intensa mobilização da sociedade brasileira, esse quadro não vai se alterar. E isso diz respeito a todos nós. A floresta não pode ser vista como mera geradora de lucros de nossa sociedade. Ela é muito mais que isso. É, antes de tudo, geradora de vida.

• **Amazônia: um terreno muito antigo**

Vamos aprofundar um pouco a discussão sobre a floresta Amazônica deslocando nossa atenção para a configuração geológica dessa floresta, ou seja, para o período de formação dos solos amazônicos. Com essa finalidade, observemos a seguir a estrutura e as eras geológicas da Terra.

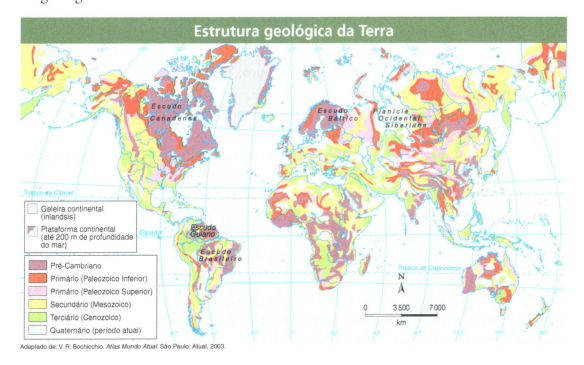

Adaptado de: V. R. Bochicchio. *Atlas Mundo Atual*. São Paulo: Atual, 2003.

Eras geológicas da Terra (escala de tempo geológico resumida)			
Era	Período/época	Idade aproximada (em anos)	Duração aproximada (em anos)
Cenozoica (incluindo os períodos Quaternário e Terciário)	Holoceno	10 000	10 000
	Pleistoceno	2 000 000	2 000 000
	Plioceno	5 000 000	3 000 000
	Mioceno	24 000 000	19 000 000
	Oligoceno	37 000 000	13 000 000
	Eoceno	57 000 000	20 000 000
	Paleoceno	66 000 000	9 000 000
Mesozoica	Cretáceo	144 000 000	78 000 000
	Jurássico	208 000 000	64 000 000
	Triássico	245 000 000	37 000 000
Paleozoica	Permiano	286 000 000	41 000 000
	Carbonífero	360 000 000	74 000 000
	Devoniano	408 000 000	48 000 000
	Siluriano	438 000 000	30 000 000
	Ordoviciano	505 000 000	67 000 000
	Cambriano	570 000 000	65 000 000
Pré-Cambriana	Proterozóico	2 800 000 000	2 300 000 000
	Arqueano	4 800 000 000	2 000 000 000

Fonte: V. R. Bochicchio. *Atlas Mundo Atual*. São Paulo: Atual, 2003.

De maneira geral, a estrutura do relevo, o tipo de solo e os recursos minerais existentes em determinado território dependem da estrutura geológica dessa área. Isso explica a riqueza da Amazônia em termos minerais.

No caso brasileiro, o território foi formado na chamada Era Pré-Cambriana, responsável pela formação de escudos cristalinos e grande variedade de recursos minerais. No quadro das eras geológicas, podemos observar que essa é a primeira era da escala geológica da Terra, o que significa que se trata de terrenos muito antigos, com aproximadamente 4,5 bilhões de anos.

Durante o período Proterozoico, formaram-se terrenos com jazidas minerais de prata, cobre, ferro, diamante e principalmente ouro. Tanto o Escudo das Guianas como o escudo Brasileiro datam desse período.

A bacia sedimentar amazônica apresenta terrenos mais recentes, principalmente os situados na porção ocidental: sedimentos da Era Cenozoica, períodos Terciário e Quaternário, conforme podemos observar no mapa a seguir. Em Rondônia, encontramos jazidas de cassiterita; em Roraima, há diamantes; e em Serra Pelada (Pará), ouro. Cerca de 4% de todo o território brasileiro data desse período geológico, o que explica a grande quantidade de tais recursos minerais nessas áreas. Tais minerais podem contribuir para nosso desenvolvimento econômico.

Como podemos observar, a formação geológica de um país ou de uma região é bastante significativa em termos econômicos. Se um país quer se industrializar, é recomendável apresentar grande variedade mineral, recurso básico para o processo de industrialização. O aspecto negativo é que, sem a preocupação com o meio ambiente, a sua exploração pode prejudicar o equilíbrio ambiental.

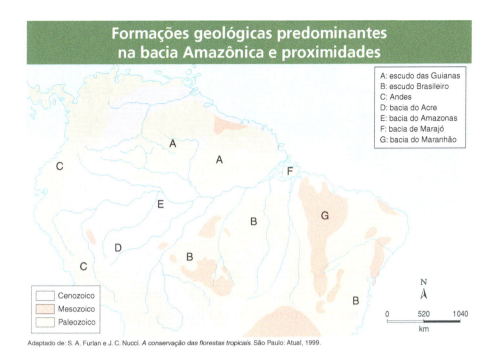

Adaptado de: S. A. Furlan e J. C. Nucci. *A conservação das florestas tropicais*. São Paulo: Atual, 1999.

Visando conhecer melhor os recursos naturais da Amazônia, entre 1971 e 1986 foi feito um mapeamento aéreo, conhecido como Projeto Radam Brasil. Tiraram-se várias fotos aéreas, o que tornou possível conhecer com maior profundidade a região e daí estabelecer políticas mais corretas de exploração dos recursos minerais.

Os terrenos cenozoicos amazônicos possuem grandes jazidas de ouro. Encontrado no fundo dos rios (depósitos aluvionais), o minério pode ser explorado por meio da garimpagem. Os rios Tapajós e Madeira e o sudeste do Pará são as principais áreas onde se desenvolve essa atividade econômica, e por isso atraem muitas pessoas em busca de sorte e riqueza.

No leste do Pará, oeste do Maranhão e norte do Tocantins, ocupa local de destaque a serra dos Carajás, onde se encontram inúmeras jazidas: cobre, níquel, cassiterita, ferro, cobalto e manganês. Encontrado ali em grande quantidade, o minério de ferro é exportado, principalmente para o Japão (anualmente essa exportação gira em torno de 35 milhões de toneladas).

No vale do rio Trombetas, na serra de Oriximiná, localizada no Pará, há uma grande mina de bauxita, matéria-prima do alumínio, produto de grande consumo no Brasil e no mundo. Em Serra do Navio, Amapá, encontra-se boa quantidade de manganês, minério cuja principal utilidade está na indústria siderúrgica. Tudo isso faz da região Norte (e da Amazônia) a principal área produtora de minérios do país, e do extrativismo a base da economia local.

Por esses dados, percebemos a riqueza da região. Fica no ar porém a questão: essa riqueza colabora para que a população da região Norte tenha uma vida melhor, ou tem contribuído para o desenvolvimento da Amazônia e do Brasil? Esse será o assunto do próximo capítulo.

3 O ESPAÇO AMAZÔNICO: POPULAÇÃO, CRESCIMENTO URBANO E DESENVOLVIMENTO

Ocupada por sociedades humanas há muitos séculos, só nos últimos quinhentos anos, desde a chegada dos colonizadores europeus à América portuguesa, a Amazônia começou a ser explorada economicamente, em um processo que se intensificou nos séculos XIX e XX.

Vista como uma "terra cheia de mistérios" e como "guardiã de tesouros", a Amazônia teve e tem suas riquezas naturais cobiçadas por muita gente, principalmente nos últimos séculos. As fortunas geradas a partir da exploração desse meio ambiente, porém, não beneficiaram o grosso da população amazônica.

• Crescimento demográfico

Na região Norte, o crescimento demográfico (de sua população) deu-se muito lentamente entre o século XVI e a primeira metade do XIX. Iniciada por volta de 1875, a exploração do látex atraiu, como vimos no capítulo 1, grande número de pessoas para essa região. Diversas vilas e povoados foram formados, e Belém e Manaus desenvolveram-se significativamente.

Segundo o IBGE, em 1920, a população da região Norte era formada por 1,439 milhão de habitantes. Em 1950, a população mostrava-se um pouco superior a 2 milhões de habitantes, enquanto a região Sudeste possuía 22,5 milhões de habitantes. Em 2000, a região Norte apresentava uma população de quase 13 milhões de habitantes. Na tabela ao lado, podemos acompanhar esse crescimento desde a década de 1970.

Boa parte desse crescimento ocorreu em razão do fluxo migratório, ou seja, devido à chegada de pessoas procedentes de outros locais, particularmente do Nordeste. Nas últimas décadas, entretanto, tem crescido o número de "sulistas" (indivíduos originários do Sudeste e do Sul), decididos a tentar a sorte nessa região. Observando ainda a tabela, notamos que o crescimento dos Estados de Rondônia e Roraima, nas décadas de 1980 e 1990, foi extremamente acentuado, em consequência dessa grande movimentação populacional.

A partir dos anos 1970, os incentivos criados pelo governo tornaram a Amazônia mais atraente, e a população local chegou, em 1980, a 6,7 milhões de habitantes. Contribuiu para esse crescimento a alta taxa de natalidade, ou seja, as famílias ali existentes aumentaram o número de filhos.

Embora a população dessa região fosse em sua maior parte rural, a partir de 1970 começou a ocorrer ali um fenômeno comum em outras partes do Brasil: a crescente

Crescimento demográfico da região Norte (1970-2000)						
	Ano				**Variação (% ao ano)**	
UF/Região	1970	1980	1991	2000	1970/80	1980/91	1991/00
Norte	**4 188 313**	**6 767 249**	**10 257 266**	**12 893 561**	**4,91**	**4,73**	**2,57**
Rondônia	116 620	503 125	1 130 874	1 377 792	15,74	9,42	2,22
Acre	218 006	306 893	417 165	557 226	3,48	3,47	3,27
Amazonas	960 934	1 449 135	2 102 901	2 813 085	4,19	4,22	3,29
Roraima	41 638	82 018	215 950	324 152	7,01	11,36	4,62
Pará	2 197 072	3 507 312	5 181 570	6 189 550	4,79	4,43	1,99
Amapá	116 480	180 078	288 690	475 843	4,45	5,38	5,71

IBGE/SIDRA: Censos Demográficos. Os dados referentes ao ano 2000 são da Sinopse Preliminar.

urbanização. Mesmo quem vivia de atividades rurais (da pesca, da agricultura e da pecuária, por exemplo) passou a morar em núcleos urbanos (cidades). Hoje, menos de 40% dos habitantes da região Norte vivem em zonas rurais. Essa é a região que apresenta o maior crescimento urbano de todo o país.

As grandes cidades, sobretudo Belém e Manaus, começaram a enfrentar um grave problema: o "inchaço urbano", ou seja, o crescimento rápido e acentuado das cidades, sem a necessária condição de absorver toda a população e oferecer a ela o serviço de água encanada, esgoto tratado, atendimento médico, etc. O rápido crescimento urbano pode ser verificado também no aumento da população favelada, que mora em barracos sem o menor conforto e em casas construídas sobre as margens dos rios.

O fracasso de empreendimentos agrícolas ou pecuários incentivados inicialmente pelo governo levou muita gente a mudar-se para uma dessas grandes cidades, onde as oportunidades de emprego teoricamente pareciam maiores. De fato havia mais vagas nesses centros urbanos, porém eram muitos os que disputavam essas vagas. Consequentemente, os salários eram muito baixos, obrigando as pessoas a morarem em locais precários, nos quais os aluguéis são necessariamente menores.

Dessa maneira, os indivíduos alojaram-se em lugares distantes, geralmente na periferia, onde não havia hospitais, escolas, nem transporte público em quantidade suficiente, o que, na verdade, ainda ocorre em grande parte das cidades brasileiras. As moradias mostravam-se precárias, não havia esgoto, água encanada e, em muitos casos, nem luz elétrica. Caberia à prefeitura oferecer toda essa infraestrutura, mas raramente isso era encarado como prioridade. Essa situação se verifica ainda hoje, agora de maneira mais intensa.

Não é difícil imaginar que a soma desses fatores acarretou péssimas condições de vida para a população local em geral, caracterizada por subnutrição, doenças, altos índices de mortalidade infantil (número de bebês que morrem antes de completar 1 ano de idade) e expectativa de vida mais curta (média do tempo de vida das pessoas menor do que a verificada em outras regiões).

O "inchaço urbano" é bem evidente no centro urbano de Manaus.

• A questão da terra

Se ao longo da década de 1970 a qualidade de vida nas cidades piorou, no campo a situação também se mostrou difícil, com as pessoas sempre às voltas com a luta por um pedacinho de terra.

Quase todos os projetos governamentais de incentivo ao desenvolvimento da região Norte propiciavam a formação de grandes fazendas, os latifúndios. Nas áreas desses latifúndios, entretanto, viviam posseiros, ou seja, pessoas que moravam ali havia bastante tempo, até mesmo por várias gerações, sem terem, porém, o documento que lhes daria a propriedade da terra, o título de propriedade.

Muitas eram famílias procedentes do Nordeste, instaladas ali desde o primeiro surto da exploração da borracha, que permaneceram na floresta mesmo depois de o látex deixar de ser um negócio rentável. Viviam então de atividades como a coleta de castanha, a pesca, etc. Por não terem porém o título de propriedade da terra, eram obrigadas a se conformar com a formação de latifúndios, enfrentando então a expulsão ou, no melhor caso, tornando-se empregados das fazendas, em troca de salários miseráveis.

> Em www.amazonia.org.br, você vai encontrar muitas informações sobre a Amazônia: planos e políticas públicas para a região, os prejuízos causados pelo desmatamento, proteção ambiental, etc.

Ainda hoje, não raro, as pessoas são expulsas violentamente ou mortas por pistoleiros contratados pelos donos dos latifúndios. Uma forma de expulsão dos posseiros ocorre por meio do processo de grilagem, muito forte na região.

A grilagem se baseia na utilização de falsos títulos de propriedades, apresentados pelos grandes fazendeiros para expulsar os posseiros das áreas de seu interesse. Ou, como esclarece a geógrafa Berta Becker, em seu livro *Amazônia*: "O 'grilo' ou 'grilagem' das terras corresponde ao método adotado para a falsificação: buscam-se folhas de papel timbrado, imitam-se escritas, e os documentos amarelecidos propositalmente, guardados em gaveta/compartimentos repletos de grilos que lhes dão o ar de antigos".

Quando o posseiro não aceita tal título de propriedade, o resultado é a violência contra ele. É dessa forma que a violência no campo se tornou muito comum e hoje é marca dessa região.

As iniciativas de colonização destinadas aos pequenos proprietários quase sempre não ofereceram assistência às famílias. Vimos que o solo da Amazônia não é propício à agricultura, pois é pouco fértil. Essas famílias, que com muita dificuldade abriam seu lote de terra no meio da floresta, logo percebiam que o sacrifício fora em vão, pois a terra não lhes dava o sustento necessário. Abandonavam então o local, migrando para as cidades, conforme mencionamos no início deste capítulo.

Nos gráficos a seguir, em que representamos a concentração de terra na região Norte, podemos observar como poucas pessoas possuem enorme quantidade de terras, enquanto grande número de camponeses vive em pequenas propriedades.

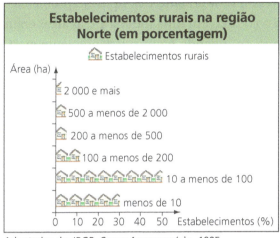 

Adaptados de: IBGE, Censo Agropecuário, 1995.

• Os índios: as principais vítimas

Vamos tratar um pouco da situação indígena. Apesar das tentativas de inserir o índio em nossa sociedade por meio de leis que o protejam, o desrespeito a ele ainda é muito grande.

Muitos grupos indígenas, ao longo dos quinhentos anos de nossa história, à medida que tiveram suas terras ocupadas em várias partes do Brasil, deslocaram-se para áreas onde a presença do colonizador era menos marcante. Dirigiram-se assim para as regiões Centro-Oeste e Norte, ainda que não estivessem originariamente ligados a elas. Com isso, a concentração dessas pessoas nessas regiões cresceu. Atualmente, cerca de metade da população indígena brasileira vive na Amazônia.

Segundo os dados do Instituto Socioambiental, há 220 povos indígenas, que falam 180 línguas, constituindo uma população de aproximadamente 370 mil pessoas, distribuídas pelo interior do Brasil em 626 Terras Indígenas (TIs) ou reservas. A Amazônia Legal concentra 405 dessas TIs. O líder indígena da tribo Wapixana (em Roraima), Clóvis Ambrósio Wapixana, por sua vez, afirma que, na Amazônia, vivem 163 povos indígenas, o que totaliza uma população de 204 mil índios.

As 405 TIs da Amazônia Legal ocupam 103 483 167 hectares, representando 20,67% do território amazônico e 98,61% da extensão de todas as TIs do país. O restante, ou seja, 1,39% espalha-se pelas regiões Nordeste, Sudeste, Sul e pelo Estado do Mato Grosso do Sul. Aos povos indígenas está reservado, de acordo com esses números, 12,33% das terras brasileiras.

> Sobre povos indígenas no Brasil, consulte o *site* www.socioambiental.org. Ele tem fotos lindas e relata que sociedades são essas, como vivem, que arte fazem, que histórias contam.

Embora o modo de vida dessas sociedades exija grandes extensões de terra, pois esses povos precisam de espaço para coletar frutos, caçar e plantar de maneira adequada, quando o governo começou a estimular a ocupação da Amazônia, não se preocupou em garantir as terras desses povos. Consequentemente, a população de vários grupos diminuiu de maneira acentuada, e muitas comunidades passaram por intenso processo de assimilação cultural, ou seja, começaram a perder suas tradições culturais e a adotar hábitos provenientes de outras culturas.

A alternativa posta em prática para evitar o desaparecimento total dessas sociedades foi a criação de Terras Indígenas. Dessa ação decorreram basicamente três tipos de problemas: nações indígenas diferentes, às vezes rivais, foram colocadas em uma mesma TI; as áreas eram insuficientes para sustentar a vida de todo o grupo ou, quando eram suficientemente grandes, os fazendeiros locais não respeitavam os limites e invadiam as terras. Um bom exemplo desses conflitos é o ataque, ocorrido em 23 de novembro de 2004, às comunidades Jawari, Homologação, Brilho do Sol e Retiro São José, efetuado por invasores da Terra Indígena Raposa do Sol, em Roraima. A seguir, conheça um fragmento do documento de repúdio à invasão, elaborado pela Organização das Mulheres Indígenas de Roraima (Omir):

> *Nós, mulheres indígenas de Roraima, sofremos — mais uma vez — a fúria de empresários rizicultores e de fazendeiros armados que, junto com alguns de nossos próprios parentes, cooptados e encapuzados, na manhã do dia 23 de novembro de 2004 atacaram as nossas malocas (aldeias) "Jawari", "Homologação", "Brilho do Sol" e "Insikiran" assim como o "retiro" de "Tay-tay", não poupando na sua fúria nem mesmo mulheres grávidas, crianças e idosos [...]. O ataque e destruição dessas malocas foram uma ação deliberada e planejada. Ela se iniciou na maloca de Jawari, já às 06 horas da manhã, quando a maioria dos moradores desta e das demais malocas haviam saído a trabalhar nas roças, como é costume de nós, permanecendo lá apenas mulheres (principalmente, as grávidas), crianças e uns poucos idosos. Os agressores [os parentes que presenciaram a ação criminosa identificaram os rizicultores como comandantes dos jagunços, pois nem usaram máscara para ocultar a sua identidade] chegaram em caminhões, lotados de gente, "pick-up" e outros carros além de tratores, armados com armas de fogo (espingardas e pistolas), paus, e motosserras. As mulheres presentes lutaram para impedir a destruição de suas casas, da escola, do posto de saúde, do "malocão" (espaço para as reuniões indígenas), mas foram brutalmente ameaçadas (inclusive de morte), junto com seus filhos e demais presentes, sofrendo xingamento e toda sorte de humilhação.*

(Fonte: http://www.coiab.com.br/jornal.php?id=274)

Não foram poucos os casos em que uma aldeia toda foi dizimada pela ação de jagunços a mando de grandes proprietários, sob a argumentação de que "os índios não precisam de tanta terra para viver, além de não produzirem riqueza e empregos para o país". Muitas vezes escutamos críticas à extensão das áreas destinadas aos povos indígenas. Tais críticas só ocorrem em razão de as pessoas não terem noção da maneira como vivem esses povos.

Na foto acima, maloca Yanomami em Roraima. Na outra, aldeia Kayapó localizada no Estado do Pará.

Um outro desdobramento dessa situação são os casos de chefes indígenas que assinam acordos comerciais com madeireiros, liberando a exploração de madeira em suas reservas em troca de dinheiro ou benfeitorias. Há ainda os que autorizam a extração de minérios em acordos semelhantes. Na verdade, essas atitudes, em vez de trazerem benefícios, acentuam o erro cometido durante todos esses séculos: fazer os índios perderem ainda mais o seu patrimônio.

As Terras indígenas e a extração madeireira

A preocupação com a preservação da cultura indígena, e com a própria sobrevivência das tribos, levou à criação das reservas pela Constituição de 1988. No início dos anos 1990, após algumas demarcações de áreas nos governos Collor (1990-1992) e Itamar Franco (1992-1994), o processo foi suspenso, pois contrariava interesses comerciais. Muitos grupos econômicos não aceitam tais demarcações, pois elas impedem a exploração de recursos minerais.

Além dos sérios problemas enfrentados pelas tribos indígenas a partir da ocupação de suas áreas por posseiros e garimpeiros, as indústrias madeireiras também invadiram suas terras a fim de extrair madeira ilegalmente para revendê-la nos países desenvolvidos.

Trata-se de mais uma atividade altamente rentável e que provoca grandes transtornos não só para os índios como para o meio ambiente. De maneira geral, o que facilita a exploração indiscriminada da mata é o grande tamanho das reservas indígenas. Elas compreendem grandes áreas, o que torna impossível a fiscalização pelos órgãos responsáveis do governo federal e até mesmo pelos próprios índios.

Enquanto não ocorrer maior atuação na repressão à extração ilegal de madeira, o quadro tende a piorar cada vez mais.

• Recursos naturais e exploração econômica

Como vimos no capítulo anterior, a formação geológica da região amazônica é favorável à existência de muitos minerais fundamentais para o processo industrial. Essa característica levou à exploração dos recursos naturais da região.

O problema fundamental dessa exploração é provocar grandes impactos ambientais e prejudicar a vida de inúmeras pessoas, principalmente dos indígenas.

Entre os projetos de exploração dos recursos naturais amazônicos, destacaram-se o Grande Carajás e o Jari. Vamos conhecer um pouquinho deles.

O Projeto Jari

De acordo com os propósitos dos governos militares para a ocupação do Norte, em 1974 passaram a ser oferecidos maiores incentivos fiscais às empresas que se voltassem para projetos de desenvolvimento econômico na região, mediante empréstimos de longo prazo e isenção de impostos.

Esses estímulos geraram a elaboração de grandes projetos (os megaprojetos) para a Amazônia, dedicados à agropecuária e à extração de minérios, entre os quais podemos citar os da Volkswagen, da Sadia e do Bradesco. Vale lembrar que muitas empresas já estavam presentes na Amazônia nessa época.

Talvez o principal símbolo desse período tenha sido o Projeto Jari. Às margens do rio Jari, entre o Amapá e o Pará, o milionário norte-americano Daniel K. Ludwig imple-

mentou o seu projeto em uma área de 1,2 milhão de hectares. A finalidade inicial era a produção de arroz e papel. Entretanto, o projeto passou por inúmeros problemas, entre eles o alto custo de manutenção. No início da década de 1980, foi vendido ao governo, e este o repassou a um grupo de empresas brasileiras.

Projeto Jari, em Monte Dourado, Pará.

O Projeto Grande Carajás

Em 1967, na serra dos Carajás foi descoberta uma grande área mineral. Na época as jazidas apontavam para um potencial gigantesco de exploração: 18 bilhões de toneladas de ferro, 1 bilhão de toneladas de minério de cobre e 47 milhões de toneladas de níquel, entre outros minérios.

No final dos anos 1970, a companhia Vale do Rio Doce, então uma empresa estatal, apresentou um projeto para tornar Carajás uma grande província mineral de exportação. Seriam investidos recursos para a construção de rodovias, ferrovias, portos marítimos, etc. Segundo a proposta dessa empresa, não seriam explorados somente minérios, mas também outros setores como o agrícola, pecuário e madeireiro.

Havia uma verdadeira fortuna envolvida no projeto: cerca de 60 bilhões de dólares. Assim surgia o Projeto Grande Carajás, composto por: Projeto Ferro Carajás, Projeto Albrás-Alunorte, Trombetas e usina hidrelétrica de Tucuruí, conforme veremos no mapa da página seguinte.

Em termos econômicos, o Brasil foi obrigado a emprestar dinheiro em vários bancos estrangeiros, aumentando sua dívida externa, pois não dispunha de recursos para um projeto desse porte. Ao mesmo tempo, vários grupos estrangeiros tornaram-se sócios do empreendimento, dando início ao processo de internacionalização da Amazônia. Assim, cada vez mais grupos internacionais passavam a ter interesses econômicos na região.

Para sustentar essa gigantesca exploração mineral, iniciou-se nos anos 1970 a construção da usina hidrelétrica de Tucuruí, no rio Tocantins. Em 22 de novembro de 1984, ela foi inaugurada. Do ponto de vista da engenharia, trata-se de uma das grandes obras nacionais, pois seu reservatório tem capacidade para armazenar 45 trilhões de litros de água, e suas doze turbinas geram 2 600 megawatts anuais de energia, transportada para 360 municípios do Pará, do Maranhão e do Tocantins. Além disso, fornece energia para outras regiões do país e para a indústria de alumínio da Albrás. Apesar de todo esse porte, porém, em dezembro de 2000, apenas 162 pessoas trabalhavam na usina. Portanto, do ponto de vista social, empreendimentos como esse geram pouco benefício direto no local onde são instalados, embora possam gerar lucros enormes para grandes empresas.

Do ponto de vista ambiental, a degradação provocada não foi menos grandiosa. Ela foi desencadeada pelo fato de, durante a construção da usina, se alagar uma gigantesca área de 2 875 quilômetros quadrados, o que alterou sensivelmente o ambiente da região. Por se tratar de uma iniciativa do governo militar, que mantinha seus oponentes na maioria das vezes em silêncio, pouca discussão pública foi feita em torno do assunto.

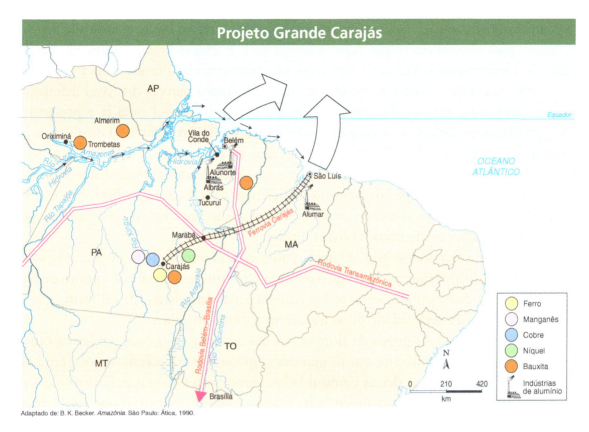

Adaptado de: B. K. Becker. *Amazônia*. São Paulo: Ática, 1990.

Toda a floresta nessa área ficou submersa e consequentemente entrou em decomposição. Por meio desse processo, o oxigênio da água foi consumido e deu origem ao ácido sulfídrico, letal para os seres vivos e extremamente corrosivo para as turbinas da usina hidrelétrica. Até o ciclo hidrológico foi alterado. Sem vegetação e com um grande espelho d'água (o reservatório), o processo de evapotranspiração do local foi alterado.

Outro impacto importante foi causado pela diminuição do volume de água do rio Tocantins que chega ao oceano. Isso ocorre em virtude da barragem construída a menos de 300 quilômetros da foz do rio (local onde o rio deságua no oceano).

Também para dar suporte à exploração mineral de Carajás, abriu-se a ferrovia Carajás—Itaqui (ao custo de 2 bilhões de dólares), com 900 quilômetros de extensão. Carregando minério, os enormes trens seguem até o porto de Ponta da Madeira (São Luís do Maranhão), onde ele é embarcado em navios, que se destinam principalmente ao Japão. Atualmente a Vale do Rio Doce (agora privatizada) produz 33 milhões de toneladas anuais.

Conforme podemos observar, os valores envolvidos nesses projetos giram sempre em torno de bilhões de dólares, quantias que ultrapassam em muito a nossa capacidade de comparação. Entretanto, essa riqueza não beneficia a população local. O desenvolvimento da região Norte não melhorou a vida de todos; pelo contrário, em alguns casos piorou.

• Desenvolvimento em benefício de todos

O "desenvolvimento" levado à região amazônica por meio desses projetos provocou sérios impactos no meio ambiente e gerou vários choques entre posseiros, indígenas, sem-terras, grandes proprietários, etc. O tamanho das áreas envolvidas nos grandes projetos provocou e provoca tais problemas.

Infelizmente, ainda, o desenvolvimento econômico da região Norte e, conseqüentemente, dos recursos amazônicos trouxe riqueza para poucos, e estes em geral constituem grandes empresas internacionais em parceria com o governo brasileiro nos últimos trinta anos.

Embora diante da situação desoladora da região possa parecer desejável defender a preservação pura e simples da Amazônia, como se fosse possível isolá-la e preservá-la pelos próximos milênios, isso simplesmente não é viável nos dias de hoje. É preciso garantir aos vários cidadãos brasileiros que vivem na Amazônia o direito a uma vida digna e com qualidade, o que só ocorrerá se forem desenvolvidas atividades econômicas que proporcionem a essas pessoas recursos suficientes para viverem melhor. Entretanto, o fato de a economia local estar vinculada à exploração das riquezas amazônicas não impede que as ações predatórias recebam limites.

Conservar a floresta, os rios, a fauna e, ao mesmo tempo, melhorar a condição de vida da população amazônica exige ação conjunta e em muitas direções. O ponto de partida é garantir a conscientização de todos em relação ao problema, de tal forma que se tome consciência da necessidade de se mudarem hábitos antigos.

Se é verdade que os povos da floresta (os moradores da floresta) tendem a causar menos danos ao meio ambiente que os grandes empreendimentos econômicos, também é fato que algumas práticas dessas comunidades, como as queimadas para abrir roças de feijão, mandioca e milho, contribuem para o esgotamento do solo, o que leva à baixa produtividade desses roçados e, consequentemente, a uma baixa qualidade de vida dessa gente. Diante da miséria, muitos se mudam para a cidade, onde as dificuldades não costumam ser menores, realimentando um círculo vicioso do qual já tratamos.

A floresta fornece inúmeros produtos que, se coletados de maneira planejada e controlada, podem gerar renda e melhoria de vida para os que se dedicarem a essa atividade. Algumas iniciativas bem-sucedidas já ocorrem no Pará: há comunidades que vivem da coleta do açaí, fruta da qual se faz uma bebida muito apreciada na região e mesmo em várias outras partes do Brasil, e outras que praticam a coleta e o beneficiamento da castanha-do-pará, muito apreciada no Brasil e no exterior. Além de nutritiva e saborosa, a castanha é aproveitada no fabrico de remédios, de produtos cosméticos e de sabão.

O açaí.

A lenda do Açaí

Segundo uma lenda indígena, no lugar onde surgiria a cidade de Belém, vivia um povo que passou por dificuldades e sofria pela falta de alimentos. Prevendo a gravidade da situação se a população continuasse a crescer, o cacique Itaki reuniu sua gente para discutir o assunto. Toda a comunidade decidiu sacrificar as crianças nascidas a partir desse dia.

Muito tempo se passou sem que houvesse uma criança. Um dia, porém, Iaçá, a filha do cacique, deu à luz uma linda criança. Como a lei valia para todos, Itaki teve que sacrificar o neto. Muito triste, durante dois dias a moça, fechada em sua tenda, rogou a Tupã que mostrasse a seu pai uma maneira de não precisar sacrificar mais nenhum bebê.

Certa hora da noite, Iaçá ouviu sua criança chorar. Assim que se aproximou da entrada da tenda, viu sua filha sorridente, ao pé de uma linda palmeira. Correu para abraçá-la, mas, ao se aproximar da menina, a imagem desapareceu. A tristeza de Iaçá só aumentou e, abraçada à palmeira, chorou até morrer.

Quando o cacique Itaki encontrou o corpo da filha, percebeu que seus olhos, inertes, fitavam o alto da palmeira, onde se via um cacho de frutinhas pretas.

Apanhados e amassados em um grande vaso de madeira, os frutos forneciam um vinho avermelhado. Itaki agradeceu a Tupã e, invertendo o nome de sua filha, Iaçá, batizou o estranho vinho de Açaí.

As índias voltaram a ter filhos, e o açaí foi usado para fortalecer as novas gerações de guerreiros e caboclos.

Açaí na tigela

Histórias à parte, o açaí tem muitas propriedades nutricionais. Há uma receita que virou moda em diversas cidades brasileiras. Acompanhe:

Ingredientes — 400 g (ou 4 polpas congeladas) de açaí; 5 colheres de sopa de xarope de guaraná; 2 bananas nanicas; granola a gosto, para acompanhar.
Preparo — Coloque, com exceção da granola, todos os ingredientes no liquidificador. Bata até formar um creme homogêneo. Sirva em uma tigela e salpique a granola.

(Texto baseado nas informações do *site*
www1.uol.com.br/cybercook/colunas/cl_cbtq_tigeladeacai.htm)

Essas práticas são exemplos de como se podem aproveitar os recursos da floresta de maneira correta, ou seja, sem destruí-la. Muitos estudos já demonstraram ser perfeitamente possível desenvolver práticas sustentáveis da floresta, por meio do acompanhamento e da orientação de atividades, feitos por gente habilitada.

Em alguns casos, não é preciso deslocar para a Amazônia dezenas de técnicos de outras partes do Brasil a fim de realizar essas tarefas. Os próprios líderes comunitários podem se responsabilizar por esse trabalho, sobretudo porque conhecem muito bem o seu lugar e sua gente. Organizações não governamentais, as ONGs, e universidades estão aptas a dar apoio a essas iniciativas, mas estas devem ser, antes de mais nada, uma ação da população local, sobretudo porque é fundamental que se preserve uma outra riqueza imensa da Amazônia: sua cultura.

Um exemplo significativo da atual união de ONGs e comunidades locais é a parceria entre a ONG WWF-Brasil e a Associação Vida Verde da Amazônia (Avive). No município de Milves, a 250 quilômetros de Manaus, desenvolvem o projeto Produtos Aromáticos da Amazônia. A partir de exploração sustentável com reflorestamento e certificação FSC (o selo verde para a madeira) de espécies nativas para a extração, esse projeto prevê o desenvolvimento de produtos à base de óleos essenciais de plantas nativas da Amazônia. Além de colaborar para a conservação ambiental, o objetivo dessa parceria é proporcionar uma alternativa de rendimento econômico às mulheres das 32 comunidades ribeirinhas envolvidas, cuja única atividade econômica, até 1999, costumava ser a pesca.

• Cultura local × cultura de massas

Conforme mencionamos neste capítulo, ao mesmo tempo que foram implementadas as ações visando tornar a região Norte mais povoada e economicamente desenvolvida, o governo procurou abrir estradas que facilitassem o acesso a ela. Desenvolveram-se também projetos para tornar mais eficientes as comunicações, por meio de telefones, satélites e outros recursos.

Os satélites colaboraram para a ampliação do número de pessoas que assistem à televisão, em que a programação das emissoras é quase totalmente produzida no Centro-Sul, particularmente em São Paulo e no Rio de Janeiro.

Embora o modo de vida da população desses centros urbanos seja muito distinto do desenvolvido pela população ribeirinha ou mesmo pelos habitantes das cidades da região Norte, a programação das emissoras nunca levou em conta esse fato, e o povo da região, de tanto ver o estilo de vida estereotipado nos programas de televisão (o qual, na verdade, reproduz toscamente o modo de viver de pequena parte da população dos centros urbanos), passou a valorizar mais os hábitos e costumes de outras partes do Brasil.

É verdade que a invasão cultural na Amazônia havia começado anos antes, quando as levas de migrantes nordestinos levaram para a região Norte seus costumes, festas, músicas, hábitos alimentares. Ainda assim, tratava-se de elementos da cultura popular, não da cultura de massas, movida por interesses comerciais (venda de CDs, de moda, produtos em geral), que nada têm a ver com a vida do caboclo, da gente comum amazônica.

Por outro lado, desde os anos 1960, quando o discurso de proteção ao meio ambiente ganhou força e se começou a valorizar mais as culturas locais, entidades culturais, alguns governantes e parte da população começaram a se empenhar na preservação da cultura local. O exemplo mais evidente dessa atitude é a tradicional festa do boi-bumbá, realizada em Parintins, no Amazonas.

Mobilizando toda a população, adepta do Garantido (agremiação vermelha e branca) ou do Caprichoso (agremiação azul e branca), a cidade organiza, no mês de junho, uma das maiores e mais marcantes festas populares brasileiras. Para receber todos os participantes, foi erguido um enorme "bumbódromo", inaugurado em 1988, capaz de receber 35 mil pessoas. Turistas de muitas partes do Brasil e mesmo do exterior se deslocam até a cidade para ver o espetáculo.

Se você quiser notícias da festa do boi-bumbá, consulte o *site* da cidade de Parintins: www.parintins.com.

Festa do boi Garantido em Parintins.

A festa do boi-bumbá teria sido originada de uma festa indígena chamada dabakuri, "o encontro festivo das tribos". Na verdade, ocorreram algumas variações ao longo do tempo e hoje a festa está presente em vários Estados do Brasil. No Nordeste é chamada de bumba-meu-boi; no Centro-Oeste, de boi-da-serra e, em Santa Catarina, de boi-de-mamão.

O tema central da comemoração é a ressurreição de um boi. A história se desenrola quando Mãe Catirina, grávida, sente desejo de comer língua de boi. Para saciar o desejo da esposa, o marido, Pai Francisco, capataz de um rico fazendeiro, mata o melhor boi da fazenda, despertando a ira de seu patrão, que o aprisiona. Com a ajuda de um padre (ou pajé), o boi ressuscita e Pai Francisco consegue o perdão. Para narrar essa história, são utilizados muitos adereços, instrumentos musicais e imaginação. A festa de Parintins é considerada hoje a maior festa folclórica do Brasil.

Outras comemorações populares podem ser mencionadas, como a festa do círio de Nazaré, que ocorre todo mês de outubro em Belém, revelando a grande devoção do povo à padroeira da cidade, Nossa Senhora de Nazaré. Nessa comemoração, milhares de pessoas se comprimem para segurar uma longa corda, ou apenas para seguir a procissão, pedindo uma graça ou agradecendo pela já recebida.

O turismo crescente verificado na Amazônia, especialmente de estrangeiros, também tem contribuído para que a cultura local seja valorizada, além de gerar mais empregos e renda. Tomar sorvete das frutas típicas, como açaí, cupuaçu, taperebá, comer pato no tucupi, tacacá e pirarucu (um peixe raro hoje em dia), dançar o carimbó e apreciar o artesanato local são algumas das experiências possíveis de quem vai para o Norte. Essas manifestações são tão valiosas como o ferro, a madeira, o ouro, as plantas e os animais existentes na floresta.

Entre as atrações turísticas da região da Amazônia, destacamos aqui uma embarcação no rio Negro, o artesanato (cocar) produzido por indígenas, o teatro de Manaus e as vitórias-régias.

Outro local que merece ser destacado é a ilha de Marajó. Além de ser encontrada ali a famosa arte marajoara, que agrada aos turistas, a ilha é responsável por 80% do rebanho bovino do Pará. Essa atividade econômica, facilitada pelo relevo plano e pela vegetação rasteira, tornou-se importante também em razão da proximidade com os centros consumidores, Belém e as Guianas. Outro rebanho de destaque é o de búfalos, o maior do Brasil, favorecido pelo clima, que garantiu a perfeita adaptação do gado bufalino ao local.

Gado de búfalos na ilha de Marajó.

OS VÁRIOS ELOS DE UMA CORRENTE

Esperamos que este livro tenha contribuído para que o leitor perceba como os aspectos naturais, econômicos e humanos da região amazônica estão vinculados uns aos outros. Para comprovar essa ideia, basta lembrar que a população local está bastante envolvida em atividades relacionadas, por exemplo, ao extrativismo e à agricultura de subsistência.

Tendo em vista a ampliação das opções de trabalho dessa população, faz-se urgente o planejamento e a execução de um programa educacional, assim como a implantação de empreendimentos que gerem empregos a bom número de trabalhadores.

Historicamente, grande parte dos migrantes que ali se instalaram procediam da região Nordeste e não dispunham de grau de escolaridade elevada, tampouco foram atraídos por empreendimentos de caráter social. Essa população então não teve condições de reverter suas possibilidades de sobrevivência.

No cenário atual então, enquanto as empresas, os grandes proprietários e as mineradoras procuram impor seu padrão de ocupação, pouco preocupados com questões sociais e ambientais, os indígenas e os povos da floresta, pressionados por vários interesses, veem suas terras serem ocupadas. E assim se desenvolve ali um fato incoerente: embora a região possua enormes riquezas naturais, isso não a torna um local de prosperidade para os que vivem lá.

Para mudar esse quadro, é preciso ter consciência de que não pode haver desenvolvimento econômico sem melhoria de vida da população local e sem o cuidado com a preservação do planeta. Ciente disso, é possível planejar e executar de maneira proveitosa e responsável a exploração das riquezas naturais da Amazônia.

De nada adiantam os milhões de megawatts produzidos, milhões de toneladas de ferro extraídas, se não for para fazer com que todo o país ganhe com isso. Os conhecimentos atuais a respeito dos problemas ambientais revelam que nosso planeta é uma corrente, em que os elos se unem. As queimadas da floresta afetam a todos, e não só os que vivem nela.

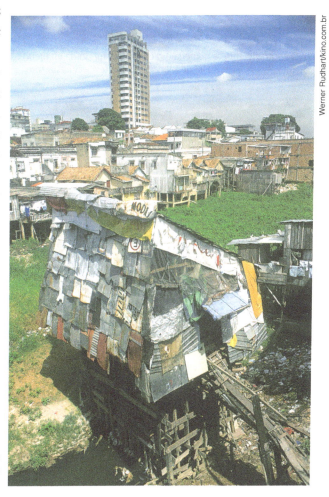

Em Manaus, são visíveis os contrastes típicos da falta de planejamento urbano vinculada ao crescimento rápido da população.

Ao longo do livro, discutimos vários contrastes encontrados na região Norte. Para amenizá-los ou fazê-los desaparecer, é preciso que todos se empenhem nessa luta.

Luta essa que começa com os conhecimentos adquiridos por meio da leitura deste e de outros livros. Ao compreender que a natureza é o principal patrimônio da humanidade, é possível agir em busca da preservação desse tesouro, o que se pode começar a fazer a partir de mínimos gestos em defesa das áreas verdes do bairro onde se mora e da escola onde se estuda.

Conversar com colegas e amigos, procurando alertá-los para a importância de não poluir o meio ambiente, por exemplo, é outro passo decisivo para se colocar em prática o trabalho de conscientização e preservação que procuramos divulgar por meio deste livro.

O contraste entre a periferia e o centro (ao fundo da imagem) de Manaus é incontestável nesta foto.

O desmatamento desenfreado pode acabar com as árvores da Floresta Nacional de Bom Futuro, a 198 quilômetros de Porto Velho, Rondônia, em cinco anos.

Para saber mais

Livros

ANTUNES, Celso. *Por quê? Os rios, os mares e os oceanos*. São Paulo: Scipione, 1995.

Por meio de uma série de perguntas e respostas, o autor dessa obra procura levar o leitor à compreensão dos conceitos indispensáveis ao estudo de Geografia.

BRANCO, Samuel Murgel. *O desafio amazônico*. 9. ed. São Paulo: Moderna, 1991.

O livro aborda as características geográficas, humanas e biológicas da Amazônia. Procura dar uma visão integrada sobre as riquezas naturais e a sua apropriação de maneira predatória.

LESSA, Ricardo. *Amazônia*: as raízes da destruição. 6. ed. São Paulo: Atual, 1998.

O livro leva o leitor a conhecer a problemática amazônica desde o processo de colonização, passando pelo Ciclo da Borracha, até chegar aos anos 1960. Analisa o processo de ocupação dos Estados do Acre, Rondônia, Amapá e Roraima.

PORTELA, Fernando; OLIVEIRA, Ariovaldo U. *Amazônia*. São Paulo: Ática, 1992.

De agradável leitura, a obra proporciona ao leitor uma visão da realidade amazônica por meio de uma ficção, cujos personagens e cenário fazem parte da região. A história é complementada por tópicos que esclarecem as questões levantadas na ficção e que fazem parte da realidade do local.

YOUSSEF, Maria da Penha B. et alii. *Ambientes brasileiros*: recursos e ameaças. São Paulo: Scipione, 1992.

O livro trata de vários ecossistemas brasileiros, apresentando primeiramente sua descrição e posteriormente os problemas enfrentados por eles mediante sua ocupação e a exploração desordenada que têm sofrido.

Filmes

- *No rio das amazonas*. 1995. Direção: Ricardo Dias. Navegando o Amazonas a partir de Belém do Pará, em direção a Manaus, retrata-se a vida da população ribeirinha. 76 min. (documentário).
- *Jornada aos mil rios* (Cousteau Amazon). 1983. Direção: Jean-Yves Cousteau. Por meio da exploração da bacia Amazônica, o cientista francês Jacques Cousteau apresenta uma visão abrangente do ecossistema amazônico. 50 min. (documentário).

Sites de interesse

www.ipam.org.br

- *Site* do Instituto de Pesquisa Ambiental da Amazônia. Trata-se de ONG criada em 1995 com a finalidade de difundir informações sobre a Amazônia, visando diminuir os impactos gerados pela ocupação e exploração desordenada dos seus recursos naturais.

www.ibge.gov.br

- *Site* do Instituto Brasileiro de Geografia e Estatística (IBGE), que apresenta estatísticas oficiais sobre a realidade brasileira.

www.mma.gov.br

- *Site* oficial do Ministério do Meio Ambiente, em que se encontram as políticas governamentais relacionadas ao meio ambiente.

www.greenpeace.org.br

- *Site* da seção brasileira da maior ONG mundial de defesa da natureza, o Greenpeace.

http://tvescola.mec.gov.br

- *Site* com informações sobre a extensa, variada e interessante programação do canal a cabo TV Escola.

Bibliografia

BECKER, Berta K. *Amazônia*. 6. ed. São Paulo: Ática, 1998.

_____, EGLER, Claudio A. G. *Brasil*: uma nova potência regional na economia-mundo. Rio de Janeiro: Bertrand, 1993.

COSTA, Wanderley Messias da. *O Estado e as políticas territoriais no Brasil*. São Paulo: Contexto, 1988.

ELETRONORTE. *Cenários mundiais, nacionais e da Amazônia*: 1998-2020 (Versão Executiva), jul. 1999.

GAZETA MERCANTIL. *Balanço Anual Amazônia*: Acre, Amazonas, Rondônia e Roraima. Manaus, out. 2001.

GONÇALVES, Carlos Walter P. *Os (des)caminhos do meio ambiente*. São Paulo: Contexto, 1998.

NEPSTAD, Daniel et alii. O empobrecimento oculto da floresta Amazônica. *Ciência Hoje*. Rio de Janeiro, SBPC, v. 27, n. 157, p. 70-3.

OLIVEIRA, Ariovaldo Umbelino. *Amazônia*: monopólio, expropriação e conflitos. Campinas: Papirus, 1987.

RELATÓRIO DA GM LATINO-AMERICANA. Zona Franca de Manaus. São Paulo, 8-14 nov. 1999, p. 15-8.

SOUZA, Maria Adélia A. et alii. *Natureza e sociedade de hoje*: uma leitura geográfica. São Paulo: Hucitec-Anpur, 1993.

Amazônia
Contrastes e perspectivas

Suplemento de atividades

Compreensão do texto

1. Os portugueses e espanhóis não foram os primeiros a viverem na Amazônia. Desde quando há presença humana nessa região?

2. Pelo Tratado de Tordesilhas, a Amazônia deveria ter sido colonizada pelos espanhóis. Explique por que ela, na verdade, foi colonizada pelos portugueses.

3. Os nordestinos foram grandes responsáveis pelo povoamento da região Norte. Especialmente em três momentos da nossa história, verificou-se grande fluxo de migrantes nordestinos para lá.
    a) Por que os nordestinos migravam?

    b) Em que períodos se intensificaram esses fluxos migratórios?

4. O desenvolvimento econômico da Amazônia no início do século XX esteve relacionado a uma inovação tecnológica. Que inovação foi essa e como ela influenciou no desenvolvimento econômico da região?

5. Por que a extração do látex entrou em decadência por volta de 1912?

6. Por que, a partir dos anos 1970, intensificou-se a ocupação da região Norte? Que diferença havia entre essa ocupação e a ocorrida anteriormente?

7. Por que a Amazônia teve grandes taxas de crescimento demográfico nas últimas décadas?

8. É possível pensar em desenvolvimento sustentável na região?

9. Por que a Amazônia se tornou um tema de interesse para toda a humanidade?

10. Classifique as afirmações a seguir como falsas (F) ou verdadeiras (V):
    ( ) O ecossistema da Amazônia é muito resistente à ocupação humana.
    ( ) O dinheiro decorrente da riqueza encontrada na floresta e no subsolo amazônico é usado na conservação da floresta.
    ( ) A lógica capitalista desencadeou danos à floresta, fato que pode ser comprovado por meio do elevado índice de desmatamento.
    ( ) A utilização dos recursos de maneira "correta", ou seja, por meio do desenvolvimento sustentável, diminuiria as agressões à floresta.

11. Relacione as informações de uma coluna com as da outra:
    a) Método muito utilizado para a falsificação de títulos de propriedade.
    b) Consequência dos projetos de incentivos governamentais para o desenvolvimento da região Norte.
    c) Originou grande fluxo migratório para a Amazônia na década de 1970.
    d) Grave problema que atinge as cidades de Belém e Manaus.

    ( ) inchaço urbano
    ( ) grilagem
    ( ) Nordeste
    ( ) formação de latifúndios

Atividades baseadas em recursos visuais

12. Observe os climogramas a seguir.

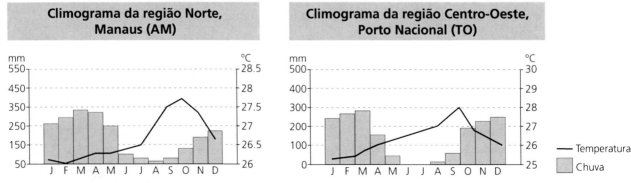

Fonte: Projeto de Ensino de Geografia. Demétrio Magnoli & Regina Araújo.

Amazônia
Contrastes e perspectivas

Suplemento do professor

A presente coleção surgiu da preocupação de proporcionar aos alunos do ensino fundamental, especificamente os de 6º ao 9º ano, uma visão essencialmente crítica dos principais temas de Geografia do Brasil e Geral, por meio de textos objetivos e de linguagem acessível, complementados por mapas, fotos, gráficos, ilustrações e outros recursos visuais que enriqueçam a aprendizagem.

Na elaboração dos livros da coleção, os autores procuram utilizar o que de mais recente existe em termos de referências bibliográficas no campo de estudo geográfico, associado a uma concepção aberta e dinâmica de Geografia. A partir dessa base, a coleção pretende propor a discussão de vários temas que geralmente são tratados em breves tópicos nos livros didáticos, estimulando um aprofundamento que leva em conta a realidade cognitiva dos alunos da faixa etária em questão.

A coleção propõe assim volumes que podem ser de grande valia ao professor que busca um recurso próprio para facilitar e estimular o aprofundamento desses temas. Sem a pretensão equivocada de substituir o papel do professor na condução do processo de ensino—aprendizagem, cada livro da coleção é planejado exatamente para abrir espaço para a conversa, a troca de opiniões e a reflexão crítica em sala de aula. Estas obras, portanto, têm como função colaborar no processo de aprendizagem, complementando e aprofundando os conhecimentos adquiridos pelos alunos em relação aos conteúdos programáticos clássicos na área de Geografia. Sem ter a intenção de limitar o professor a uma única metodologia, a coleção pretende oferecer múltiplas possibilidades, a serem escolhidas de acordo com a realidade escolar em que se atua.

Cientes de que as disparidades econômicas de um país de dimensões continentais como é o caso do Brasil imprimem sua marca no processo de ensino—aprendizagem, empenhamo-nos para que essas diversidades sejam pensadas durante a elaboração das obras que integram esta coleção. Por essa razão, o suplemento de atividades de cada volume procura oferecer diversas opções de trabalho, considerando as diferentes realidades escolares verificadas no país.

Orientações para o professor

A temática ambiental alcançou projeção internacional no final do século XX. Ao conquistarem prestígio e respeito da sociedade em geral, muitas organizações não governamentais (ONGs) voltadas para as questões que envolvem o meio ambiente contribuíram para a sociedade conscientizar-se a respeito desse tema e pressionar muitas das nações industrializadas responsáveis por sucessivos danos ao meio ambiente a atuarem de forma a não prejudicar tanto o equilíbrio ecológico. Dentro desse contexto, a região amazônica é um tema de discussão fundamental.

A finalidade do presente volume é colaborar para que os alunos, ao adquirirem conhecimento crítico de nossa realidade, possam participar dessa discussão. Afinal, como entender a nossa problemática ambiental sem conhecer, ou conhecendo apenas superficialmente, os problemas de nossa principal floresta?

Procurando formular algumas respostas a essa e a outras questões, o livro foi estruturado mediante um enfoque crítico que faz um apanhado geral da inserção da Amazônia no circuito capitalista brasileiro e, num segundo plano, no capitalismo internacional. Nossa proposta é então proporcionar aos alunos uma possibilidade de conhecer o processo de ocupação da região e compreender o quanto ele tem sido devastador.

15. Com base no mapa de demografia da região Norte, a seguir, explique as diferentes densidades encontradas.

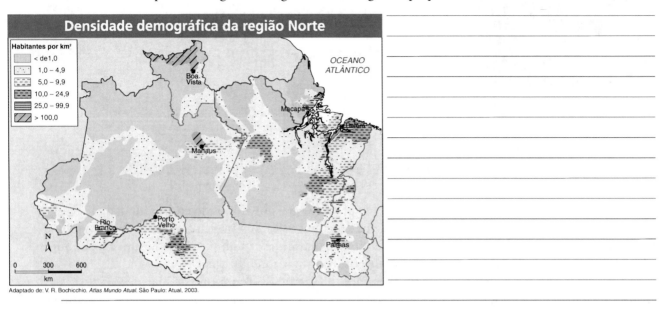

Entendendo conceitos

16. Procure identificar o que você entendeu por:
    a) crescimento demográfico

    b) expectativa de vida

    c) desenvolvimento sustentável

    d) biodiversidade

Pesquisa

17. O Ciclo da Borracha promoveu uma fase de desenvolvimento da região Norte. Pesquise como era a extração do látex, quem trabalhava nessa extração e quem mais lucrava com essa atividade. Procure saber também como eram as cidades de Belém e Manaus no início do século XX.

18. Apesar da destruição de várias partes da floresta Amazônica, existe a possibilidade de recuperação dessas áreas. A partir dos endereços virtuais sugeridos na seção "*Sites* de interesse", procure na internet informações sobre experiências aplicadas na Amazônia com a finalidade de recuperação das florestas.

Debate

19. Sob a coordenação do professor, debata com seus colegas a respeito de algumas soluções para a diminuição do desmatamento na Amazônia.

Com a ajuda do professor, compare as diferenças entre os climogramas das duas regiões em relação aos seguintes aspectos:

a) regime pluvial

b) mês com maior temperatura

c) mês com menor temperatura

d) período em que ocorre a estiagem (seca)

13. Observe a charge do cartunista Henfil. Depois explique as "vantagens" ou "desvantagens" da integração cultural dos indígenas na cultura do colonizador.

SE VOCÊS ABANDONAREM SUAS TERRAS NÓS DAMOS PROCÊS: SALÁRIO MÍNIMO, ASSISTÊNCIA DO INPS, TRANSPORTE DE TREM DA CENTRAL, CASA NA VILA KENEDY E UM LUGAR NA FILA DO FEIJÃO.

Copyright : Ivan Cosenza de Souza (henfil@globo.com.)

14. Numere os tipos de vegetação da Amazônia apontados na ilustração a seguir. Em seguida, descreva cada uma delas.

Mata de várzea

Encontrada em áreas mais elevadas que as da mata de igapó, é inundada somente durante as maiores cheias. Possui em geral árvores com cerca de 20 metros de altura, além de muitas plantas com galhos espinhentos próximos ao solo, o que a torna quase impenetrável.

Mata de igapó

Ocupa as partes mais baixas do relevo, próximas aos grandes rios, em áreas quase que constantemente alagadas. Em geral, é formada por árvores com menos de 20 metros de altura, que possuem muitas ramificações. Essa vegetação apresenta também cipós, plantas aquáticas e epífetas (plantas que se desenvolvem apoiando-se em outras, como as bromélias e as orquídeas).

Mata de terra firme

Situada em áreas que não são atingidas pelas cheias dos rios. Suas árvores atingem de 30 até 60 metros de altura e crescem umas próximas às outras, com copas que impedem a penetração da luz solar. Desse modo, o seu interior torna-se muito escuro, o que dificulta o crescimento de plantas de pequeno porte.

Floresta semiúmida

É a mata de transição entre a floresta Amazônica e outros ecossistemas. É formada principalmente por árvores entre 15 a 20 metros de altura, de troncos finos e com copas pouco desenvolvidas. Grande parte das árvores mais altas perdem as folhas durante a estação seca.

Variação da altura das árvores da floresta Amazônica.

(L. Boligian et alii. *Geografia: espaço e vivência*. São Paulo: Atual, 6ª série.)

3

Paralelamente ao trabalho com o livro, sugerimos ao professor que utilize vídeos, jornais, revistas, atlas e outros recursos complementares, e que promova debates a cada fechamento de capítulo, de modo a ter o melhor aproveitamento possível do material.

Pensamos na interdisciplinaridade como uma forma de enriquecer os estudos propostos por esta obra. Por exemplo, ao se trabalhar o capítulo 1, o estudo conjunto com o professor de história pode colaborar na análise da ocupação do território durante o período colonial. Quanto ao capítulo 2, o professor de Ciências pode complementar os comentários sobre a biodiversidade amazônica. O tema das manifestações culturais na região Norte pode dar margem a um planejamento integrado de aulas ou trabalhos com a área de Artes e de Língua Portuguesa, em que a discussão gire em torno das festas e lendas indígenas e sua atuação na formação de uma cultura brasileira.

Quanto à proposta geral deste livro, que é a de contribuir para a formação da consciência ecológica, acreditamos que cabe ao professor o trabalho mais precioso, o de levantar, e estimular os alunos a levantarem, exemplos do dia a dia, de âmbito local e nacional, dos problemas ambientais e da atuação do ser humano no meio ambiente, prejudicando-o ou colaborando para sua preservação.

Com essa proposta de trabalho conjunto, esperamos contribuir para a formação de cidadãos críticos e conscientes, atuantes de maneira responsável em nossa realidade ambiental.

BIBLIOGRAFIA DE APROFUNDAMENTO

Livros

AB'SABER, Aziz Nacib. *Amazônia*: do discurso à práxis. São Paulo: Edusp, 1996.
COSTA, Wanderley Messias da. *O Estado e as políticas territoriais no Brasil*. São Paulo: Contexto, 1988.
IBGE. *Diagnóstico Brasil*: a ocupação do território e o meio ambiente. Rio de Janeiro, 1988.
MORAES, Antônio Carlos Robert. *Meio ambiente e ciências humanas*. São Paulo: Hucitec, 1994.
OLIVEIRA, Ariovaldo Umbelino. *Amazônia*: monopólio, expropriação e conflitos. Campinas: Papirus, 1987.
_____. *Integrar para não entregar*: políticas públicas e Amazônia. 2. ed. Campinas: Papirus, 1991.

Periódicos especializados

Ciência Geográfica (revista)
Geógrafo Profissional (revista)
Terra Livre (revista)

Para ter acesso a esse material, entre em contato com a Associação dos Geógrafos Brasileiros, cujas seções nacional e locais podem ser acessadas pelos respectivos *sites*.

SITES PARA APROFUNDAMENTO DO PROFESSOR

www.agb.org.br (Associação dos Geógrafos Brasileiros)
www.agbbauru.org.br (Associação dos Geógrafos Brasileiros/Seção Local Bauru)
www.charlespennaforte.pro.br (*site* pessoal do autor)
www.ibge.gov.br (Instituto Brasileiro de Geografia e Estatística)
http:/sites.google.com/site/agbvitoria (Associação dos Geógrafos Brasileiros/Seção Local Vitória)
www.aag.org (Association American of Geographers/EUA)
www.aprofgeo.pt (Associação dos Professores de Portugal)
www.greenpeace.org (Greenpeace)
http://tvescola.mec.gov.br (TV Escola)
www.cenegri.org.br (Centro de Estudos em Geopolítica e Relações Internacionais)

A TV Escola possui uma excelente programação sobre os mais variados temas, que podem ser conhecidos na própria revista e nos cartazes enviados para as escolas públicas. Os professores da rede particular também podem ter a programação, gravando os programas através de canais da TV a cabo que atuam em todo o Brasil. Para mais informações, pode-se visitar o *site* em questão.